《农村生活污水处理技术及太湖流域示范工程案例分析》

编 委 会

农村生活污水处理技术及太湖流域示范工程案例分析

主　编　张后虎　祝栋林

中国环境科学出版社·北京

图书在版编目（CIP）数据

农村生活污水处理技术及太湖流域示范工程案例分析/张后虎，祝栋林主编. —北京：中国环境科学出版社，2011.9

ISBN 978-7-5111-0606-3

Ⅰ. ①农… Ⅱ. ①张… ②祝… Ⅲ. ①农村—生活污水—污水处理 ②太湖—流域—污水处理—案例—分析 Ⅳ. ①X703

中国版本图书馆 CIP 数据核字（2011）第 107810 号

责任编辑 高速进
责任校对 扣志红
封面设计 玄石至上 梁楚晗

出版发行 中国环境科学出版社
（100062 北京东城区广渠门内大街 16 号）
网 址：http://www.cesp.com.cn
联系电话：010-67112765（总编室）
发行热线：010-67125803，010-67113405（传真）
印 刷 北京市联华印刷厂
经 销 各地新华书店
版 次 2011 年 9 月第 1 版
印 次 2011 年 9 月第 1 次印刷
开 本 880×1230 1/32
印 张 7.5
字 数 200 千字
定 价 28.00 元

前　言

我国水环境污染问题日益凸显，2007 年 5 月底太湖蓝藻暴发，水源地水质恶化，危及近百万人生活用水安全。长期以来，由于治理资金短缺和对农村水环境保护意识的淡薄，农村地区的生活污水未经处理就直接排放，成为江河湖泊水体水质下降的主要原因。进行农村生活污水处理技术的研究，探索适合农村生活污水的处理模式，对推动社会主义新农村的建设，具有迫切的现实意义。

在中央级公益性科研院所基本科研业务专项（2010 环保部南京环科所重点项目）、国家自然科学基金（41005090）和江苏省自然科学基金（SBK201020326）共同资助下，本书从我国农村水体环境治理的迫切需要出发，介绍了农村生活污水治理的现状，论述了目前国内外先进的、适合农村生活污水处理的主流技术，包括好氧厌氧技术及其组合，土地处理、人工湿地、活性污泥以及膜处理技术，并对其研究方向和使用范围进行了探讨和剖析。以太湖流域现有农村生活污水示范工程为例，介绍了相关技术的应用效果和优缺点，力求理论与实践相结合。

本书适合从事农村生活污水处理技术研发、设计、工程、管理和运行人员使用，可作为高校科研院所环境保护、自然生态、农村建设等相关学科的教学参考书。

本书的优点：当前关于农村生活污水方面的书籍较多，但对建设的示范工程总结类的专业书籍较少，目前，各种污水处理技术在太湖流域各县市的农村地区都进行了广泛的试点应用，其中，分布在南京、镇江、常州、无锡及苏州的在建和已建的各种技术示范基地分别为 2 项、39 项、156 项、192 项和 164 项，共计 553 项。本书不仅系统介绍了农村生活污水的处置原理，并首次全面对上述技术实施的示范工程进行了评价。

本书由张后虎和祝栋林主编，张毅、孙庆瑶、张洪玲、梁斌、焦少俊和蒯广东参加编写。全书共 9 章，第 1、2 章由张后虎和祝栋林编写，第 3、4 章由张毅和孙庆瑶编写，第 5、6 章由孙庆瑶和焦少俊编写，第 7 章由张洪玲和焦少俊编写，第 8 章由祝栋林和梁斌编写，第 9 章由梁斌和张洪玲编写；王伟和蒯广东负责初稿整理和最终校稿工作。

由于编写人员的能力和水平有限，书中不足之处在所难免，敬请读者批评指正。

编　者

2011 年于中国南京紫金山麓

目　录

第1章 概述

1.1 我国水环境污染状况

2009 年全国地表水污染依然较重。长江、黄河、珠江、松花江、淮河、海河和辽河七大水系总体为轻度污染。203 条河流、408 个地表水国控监测断面中，Ⅰ～Ⅲ类、Ⅳ～Ⅴ类和劣Ⅴ类水质的断面比例分别为 57.3%、24.3%和 18.4%。主要污染指标为高锰酸盐指数、五日生化需氧量（BOD_5）和氨氮。其中，珠江、长江水质良好，松花江、淮河为轻度污染，黄河、辽河为中度污染，海河为重度污染（表 1-1）。

表 1-1 我国主要水系污染状况

水系	国控监测断面数	各类水质断面比例/%				主要污染指标
		Ⅰ～Ⅲ类	Ⅳ类	Ⅴ类	劣Ⅴ类	
长江水系	103	87.4	5.8	2.9	3.9	氨氮、BOD_5 和石油类
黄河水系	44	68.2	4.5	2.3	25.0	石油类、氨氮和 BOD_5
珠江水系	33	84.9	12.1	0	3.0	石油类和氨氮
松花江水系	42	40.5	47.6	2.4	9.5	高锰酸盐指数、石油类和氨氮
淮河水系	86	37.3	33.7	11.6	17.4	高锰酸盐指数、BOD_5 和石油类
海河水系	64	34.4	10.9	12.5	42.2	高锰酸盐指数、BOD_5 和氨氮
辽河水系	36	41.7	13.9	8.3	36.1	BOD_5、氨氮和石油类

我国湖泊（水库）富营养化问题突出，26个国控重点湖泊（水库）中，满足Ⅱ类水质的1个，占3.9%；Ⅲ类的5个，占19.2%；Ⅳ类的6个，占23.1%；Ⅴ类的5个，占19.2%；劣Ⅴ类的9个，占34.6%。主要污染指标为总氮和总磷。营养状态为重度富营养的1个，占3.8%；中度富营养的2个，占7.7%；轻度富营养的8个，占30.8%；其他均为中营养，占57.7%。

1.2 农村水环境

1.2.1 农村水环境基本状况

农村水环境是河流、湖沼、沟渠、池塘、水库等地表水体、土壤水和地下水体的总称。我国总计有乡镇45 412个，村民委员会739 980个，乡村户数23 692.7万户，乡村人口达91 960万人。农村人口分散，数量多，严重缺乏生活污水的收集和处理设施，这使农村生活污染源成为影响水环境的重要因素。随着我国经济发展和人民生活水平的提高，由此带来的严峻的环境污染问题日益受到人们的关注。过去，我们一直把环保工作重点放在大中城市，而忽视了占全国总面积近90%的广大农村地区。从而致使农村环境问题日益恶化，而水污染环境问题尤为突出，呈现出迅速恶化的趋势。据测算，全国农村每年产生生活污水约80亿t。严重污染了农村地区居住环境，农村大部分地区河、湖等水体普遍受到污染，饮用水水质安全受到严重威胁。直接危害农民的身体健康，严重影响农村地区的环境卫生，极易导致一些流行性疾病的发生与传播。

据统计，目前全国有80%以上的河流受到不同程度的污染，我国农村有近7亿人的饮用水中大肠杆菌超标，1.7亿人的饮用水受到有机污染。此外，由于农药等化学物质的广泛使用，致使许多地方的地下水已经不适于饮用，严重影响了人民群众的身体健康和农村经济的健康发展。据估算，农村环境问题每年造成的经济损失已超过千亿元。

1.2.2 农村水环境恶化的原因

1.2.2.1 农业生产污染

随着科技的进步，我国农业生产方式也发生了重大变化，以往的农家肥等有机肥料被农药、化肥的广泛使用所取代。农民施用的化肥中，只有 1/3 被农作物吸收，1/3 进入大气，剩余的 1/3 则留在土壤中。氮肥和磷肥施用过量、钾肥施用不足与区域间分配不平衡，导致土壤板结、土质下降，肥料利用率低。土壤和肥料养分易流失，从而造成对地表水、地下水的污染，硝酸盐含量超标，富营养化程度加剧。

据农业部的统计数据显示，我国农药年用量为 80 万～100 万 t，其中使用在农作物、果树、花卉等方面的化学有毒农药占 95%以上，这其中只有 10%～20%的农药附着在农作物上，其余 80%～90%进入土壤、水体和大气中，一部分在灌水和降水等淋溶作用下进入地下，污染地下水，另一部分则通过径流污染地表水。

随着农业发展步伐的加快，蔬菜保护地面积不断扩大，农用薄膜的使用量逐步上升，实际回收率不可能达到 100%，有相当一部分的薄膜散落田间地头，大部分残留在土壤中，大约经过 60 年的时间才能全部降解，在降解过程中一些有害物质随土壤中地下水的渗透对水体造成一定的影响。

1.2.2.2 乡镇企业排放的污染物

自改革开放以来，乡镇企业得到了蓬勃发展，这些企业中相当一部分属于效益较差、能耗较大、环境污染严重的企业，并且技术含量低，尤以造纸、纺织、非金属矿制品、化工及食品加工业为主。据了解，造纸业的污水排放量占总排放量的 44.9%。再加上乡镇企业布局分散，规模小和经营粗放，且环保意识差，每年都有大量的生产垃圾和工业污水未经处理直接排向河流或沟渠，严重污染其周边地区的水环境。杂乱堆放的工业固体废物又对地表水和地下水产生了二次污染。

部分工矿企业开采矿产资源，具有地表开采和地下挖掘两重性，地表露采不仅占用了土地，破坏地表生物的栖息地，而且废弃尾矿等还占用土地，造成原下垫面性质的变化，地表尾矿废物的占用，在降水作用下，表面有害物随径流流入水体，造成河流和土壤污染。在大风的情况下，大量矿物粉尘及有害物排入大气，又造成空气污染。此外，随着城市环境污染控制不断加强，重污染企业不断向郊区城镇转移，从而使农村污染程度明显高于城市中心区。

1.2.2.3 畜禽养殖污染

随着城乡居民对肉类消费的需求，农村畜牧养殖业得到快速发展，养殖专业户数量和规模不断扩大，相应农民的经济效益得到提高。但是有不少养殖专业户进行散养，大量畜禽粪便不能及时处理，畜禽粪便污染逐年加重。有资料显示，养殖一头猪产生的污水是一个人生活产生污水的 7 倍，而养殖一头牛则是 22 倍。北京近郊禽畜养殖场排放的有机物，相当于全市工农业生产污水和生活污水中所含有机污染物的 2～3 倍。这些有机物未经处理，渗入地下或进入地表水，使水环境中氨氮、硬度和细菌总数超标，严重威胁着居民饮用水的安全。

由于环保意识弱，很少建垃圾处理池和沼气池。大部分村庄畜禽粪便、污水没有无害化处理。畜禽在村里随便乱跑，畜禽粪便排泄物随处可见。污水未经任何处理直接排入水体或排泄物随意堆放，这些污水随雨水等流入河流，造成当地环境和地下水污染，扩大了污染区。

1.2.2.4 城镇居民生活污水和废弃物污染

生活污染源主要是城乡生活中使用的各种洗涤剂和污水、垃圾、粪便等，多为无毒的无机盐类。

目前，农村居民在生活水平提高的同时，生活方式并没有随之发生变化，还是按照传统的生活方式生活，农村居民的生活污水大都是直接倒在房前屋后，这种排放污水的方式，不但使污水横流，影响村容，而且污水长期渗入地下，生活污水中含氮、磷，硫多、致病细菌多，造成农村地下水水质恶化。大多数农村的简易自来水或手压机井直接取用不经任何处理的地下水为饮用水，对人们的身体健康造成了很大的威胁。

在广大农村，受传统生活习惯的影响和现实排污管道、污水处理场、垃圾收集、处理等基础设施建设严重滞后的制约，垃圾处理方面，依然是各家顾各家，各人顾各人。乱倒垃圾、乱丢废弃物的现象较为普遍。垃圾随意堆放等现象随处可见，严重污染了水环境。随着农村经济建设的快速发展，生态环境也受到严重破坏，大量的固体废弃物增多，再加上广大农民环境意识不强，各种包装袋、果皮等物乱扔，村里大街小巷、田边地头、水塘沟渠等随处可见。同工业垃圾一样，生活垃圾没有得到充分利用，大部分农村没有固定的集中垃圾堆放点。广大农民为了处理方便，把垃圾往河沟里随意倾倒或露天堆放在城郊和乡村，这不仅占去了大片的农田，还可能传播病毒细菌，其渗透液污染地表水和地下水，导致水环境恶化，许多沟渠和河流变成了“黑河”，使农村饮水安全受到了严重威胁，直接影响了农民群众的身体健康。

1.2.2.5 水土流失防治措施不到位

水土流失是指在水力、重力、风力等外力的作用下，水土资源和土地生产力的损失和破坏。人为不合理的开矿、修路、采石等生产建设，破坏了地面植被和地貌，也会造成水土流失。因此，水土流失不仅使得农业资源遭到破坏，引起土壤退化，土地生产力下降，生态环境恶化，而且造成水环境非点源污染和水质的恶化，因此，防治水土流失，保护水土资源，是促进生态、经济和社会健康发展的必然措施。

1.3 农村生活污水基本情况

1.3.1 农村生活污水的基本特征

由于农村的特殊性，一般没有固定的污水排放口，排放比较分散，其污水的水质、水量、排水方式有自身特点。

1.3.1.1 排水体制特点

很多农村尚无排水系统，雨水和污水均沿道路边沟或路面排至就近水体。有排水系统和管道的地区，除小部分经济条件较好的村镇实行雨污分流制系统外，大部分地区采用的是合流制排水系统。

1.3.1.2 水质特点

农村村镇人口较少，分布广而且分散，相当一部分没有排水管网；农村污水浓度低，变化大；大部分农村污水的性质相差不大，一般 BOD_5≤250mg/L，COD_{Cr}≤500mg/L，pH6～8，SS≤500mg/L，色度≤100，水中基本上不含重金属和有毒有害物质，含一定量的氮和磷，水质波动不大，可生化性好。

1.3.1.3 水量特点

水量小，除小城镇以外，一般农村人口居住分散，数量相对少，产生污水量也小；变化系数大，居民生活规律相近，导致农村污水排放量早晚比白天大，夜间排放量小，甚至可能断流，水量变化明显，即污水排放呈不连续状态，具有变化幅度大的特点。当该村镇为旅游地区时，不仅昼夜变化系数大，而且季节性变化系数也较大。

1.3.2 农村生活污水对环境的危害

1978—2000 年，我国建制镇由 2 173 个增加到 203 112 个，目前各种规模和性质的小城镇已近 48 000 个，据第五次全国人口普查，我国农村人口约 8.88 亿人，占全国人口总数的 70.1%。随着农村城镇化的迅速发展，人口居住日趋集中，广大农村居民生活水平的迅速提高及生活条件的明显改善，使得农村生活污水的排放也在不断增加。到 2010 年，我国村镇污水排放量约为 270 亿 t。然而，我国村镇的污水处理能力低、处理方式落后，主要的手段是修建标准化化粪池，现在采用的沼气化粪池则必须经过后续兼氧或好氧滤池处理才能达到国家综合污水排放二级标准。

如果在农村污水的处理上投入较少的话，大量污水任意排放，将会造成严重污染。可能形成北方“污水靠蒸发，垃圾靠风刮”，南方“污水横流、垃圾遍地”现象。

农村生活污水是造成农村水环境污染的原因之一。虽然农村人口分散，但由于人口数量多，几乎没有任何污水收集和处理措施，使农村生活污染源成为影响环境的重要原因，且随着农民生活方式的改变而加剧。

1.3.3 农村生活污水的处理现状

长期以来，经济相对落后的农村村镇与小区污水的处理没有受到有关部门和当地群众应有的重视，除某些水源保护区的城镇或小区有简单的污水处理装置外，绝大部分处于放任自流的状态。污水处理率低，缺乏配套的污水处理设施。由于农村人口居住分散，排放的污水大部分未经处理就直接排入附近河道。农村村镇和小区几乎没有完善的排放管网，村镇之间、小区与城市排水管网间的距离远，污水管网系统的投资费用高，给生活污水的收集和集中处理带来难度。

1.3.4 农村生活污水处理工艺选择原则

1.3.4.1 经济适用

考虑到我国广大农村地区财力状况薄弱、农民实际承受能力较低这一普遍情况，农村污水处理技术的选择要量力而行，选择运行操作简便，日常维护管理简单的污水处理方式。处理工艺的选择着重应该考虑选用既成熟可靠又简便易行，同时运行稳定、维护管理方便，利用当地技术和管理力量能够满足正常运行需要的工艺技术。

1.3.4.2 因地制宜

要满足达标处理的要求。针对我国农村地区的地形地势、道路交通条件以及居民住宅建设布局等具体情况，探索因地制宜的农村污水收集处理方式，解决当前村庄污水达标处理排放问题，最终达到节约水资源、保护水环境，促进农村地区的社会经济发展与资源、环境相协调的目的。

1.3.4.3 兼顾长远

农村生活污水处理选择的技术很重要的一点就是要兼顾长远。首先选择的技术能满足当前的排放标准，另外还要适应今后的发展需要。将污水进行合理的处理后，回收再利用，来达到资源的最优化，以适应可持续发展的宏观大主题。

农村生活污染控制还应紧密结合农业生产，结合农业利用是降低农村生活污染处理投入和生活废弃物消纳的重要场地。结合农业生产是做到减量化、资源化处理，实现可持续发展的有力保证。

1.4 农村生活污水的收集方式

农村不同于城市，污水排放面广而分散，规模较小，人口居住密度低，住宅较为分散，因此不宜采用传统的城市污水收集及处理模式。必须根据农村的特点，结合地形地貌，因地制宜地采用多种收集及处理模式，才能有效地解决农村污水治理问题。依据现场调查状况，并结合国内外乡村污水治理的先进经验，当前主要有三种污水收集布置模式，分别为集中布置模式、分散布置模式和管网截污模式，各种具体特性如下：

1）集中布置模式

该布置模式是农村污水治理的主要模式，通过铺设全村污水管网。所有农户产生的污水进行集中收集，统一建设处理设施处理村庄全部污水。污水处理采用二级生物处理等工艺形式。该处理模式具有占地面积小、抗冲击能力强、运行安全可靠及出水水质好等特点。可以有效解决农村水环境污染问题，适用于村庄布局相对密集、规模较大、经济条件好、村镇企业或旅游业发达、处于水源保护区内的单村或联村污水处理。通常适合于在我国东部和华北地区，村庄分布密集、经济基础较好的农村采用。

2）分散布置模式

有些农村住户分散，相互之间距离远，而且往往地势高低错落，沟渠、桥路等横穿村落，将这些各自汇集流淌的污水收集到一起集中处理，难度很大，甚至需要采取污水管道保温措施及进行污水提升，这对相对落后的农村来说，投资及运行费用均较大，而且实施起来难度也很大。为了有效地治理污水并节省工程投资，可以根据村庄的居住密度、地势坡度、沟渠路桥位置等，将每个村划分为大小不同的区域，将农户污水按照分区进行收集，每个区域污水单独处理。污水分片收集后，采用中小型污水处理设备或自然处理等形式处理村庄污水，每个区域内铺设局部污水管网，各自收集污水，各自处理，各自回用或排放。该处理模式具有布局灵活、施工简单、管理方便、出水水质有保障等特点。适用于村庄布局分散、规模较小、地形条件复杂、污水不易集中收集的村庄污水处理。通常在我国中西部村庄布局较为分散的地区采用。

3）管网截污模式

对于距离市区或县城区较近，村子地势又较平缓的村庄，可以考虑通过铺设全村污水管网，将污水收集后，直接接入附近的市政管网由污水处理厂进行处理。该种污水治理模式，不需要在村庄附近建污水处理站，污水治理也比较彻底，但对村庄的地形条件有一定的要求，高程落差要符合接入市政管网要求，同时接入市政管网也需要一定的投资。该处理模式具有投资省、施工周期短、见效快、统一管理方便等特点。适用于距离市政污水管网较近（一般 5 km 以内），符合高程接入要求的村庄污水处理。适合于靠近城市或城镇、经济基础较好，具备实现农村污水处理由“分散治污”向“集中治污、集中控制”转变条件的农村地区采用。只有具备这种外部条件的村庄或区域，可以采用管网截污的治理模式。

1.5 农村生活污水的排放标准

1.5.1 污水处理后的排放控制指标的术语含义

（1）臭味：是判断水质优劣的感官指标之一。清洁水是无臭的，受到污染后才产生臭味。水中的臭味主要来自污水中污染物、天然物质的分解或与之相关的微生物活动。

（2）水温：是水体一项物理指标。一般来讲，水体的温度因水源的不同而差异很大，水体水温升高，表明受到热污染源的污染。

（3）混浊度：是表现水中悬浮物对光线透过时发生的阻碍程度。主要是泥土、有机物、微生物等因素造成的。混浊度也是水质受到污染的重要指标之一。

（4）pH：是水中氢离子活度的负对数，pH 为 7 表示水为中性，大于 7 的水呈碱性，小于 7 的水呈酸性，pH 异常表示水体受到酸碱性的污染。

（5）溶解性固体：主要是溶于水中的盐类，也包括溶于水中的有机物、能穿透过滤器的胶体和微生物，因此溶解性固体的大小反映上述物质溶于水中的多少。

（6）悬浮性固体：包括不溶于水的淤泥、黏土、有机物、微生物等细微物质。悬浮物的直径一般在 2mm 以下。它是造成水质混浊的主要因素，是衡量水体污染程度的指标之一。

（7）总氮：是水中存在有机氮、氨氮、亚硝酸盐氮的综合，简称总氮，主要反映水体受污染的程度。

（8）凯氏氮：是指基耶达（Kejldahl）法测得的含氮量。它包括氨氮和在此条件下能转化为铵盐而被测定的有机氮化物。当直接测定有机氮时，可将水样先进行预蒸馏除去氨氮，再以凯氏法测定。

（9）总有机碳（TOC）：是指溶解于水中的有机物总量，折合成碳计算，或者说是以碳的含量表示水体中有机物总量的综合指标。总有机碳含量是反映污水中有机物总量，是水体污染程度的重要指标。由于 TOC 的测定采用燃烧法，因此能将有机物全部氧化，它比 BOD_5 和 COD_{Cr} 更能反映污染水体中有机物的总量。

（10）溶解氧（DO）：指溶解于水中的分子态氧，是评价水体自净能力的指标。溶解氧含量较高，表示水体自净能力强，当水体受到有机物质、无机还原物质污染时，会使溶解氧含量下降，甚至趋于零，此时厌氧性菌类就会大量繁殖，使水质变臭恶化。

（11）生化需氧量（BOD_5）：就是用微生物所消耗的氧量来表示污水中被微生物氧化分解的有机物量。通常采用在水温为 20℃的条件下，经过五天后微生物氧化有机物所消耗的氧量——BOD_5。因此生化需氧量的大小能反映水体中有机物物质含量的多少，反映水体受有机物污染的程度。

（12）化学需氧量（COD）：是指用高锰酸钾或重铬酸钾对水中有机物和还原性无机化合物进行氧化时所需消耗的氧量，主要反映水体受到有机物污染的程度。其中重铬酸钾法测污水的 COD_{Cr}，COD_{Cr} 数值越大，说明水体受到的污染越严重。

（13）细菌总数：是在 1ml 水样在营养琼脂培养基上，于 37℃ 24 h 培养后生长出的细菌菌落总数，主要反映水体受到微生物细菌污染的程度；细菌总数增多表示水体的污染状况恶化。

（14）大肠杆菌群：是表示水体受人、畜粪便污染的程度。

1.5.2 农村生活污水可参照的相关标准

目前，关于农村生活污水的排放标准，我国尚未出台。在具体执行过程中，地方政府或团体暂时可以参照国家农田灌溉水质标准（GB 5084—92）、污水综合排放标准（GB 8978—1996）、城市杂用水回用标准（GB/T 18920—2002）、城镇污水处理厂污染物排放标准（GB 18918—2002）、地表水环境质量标准（GB 3838—2002）、地下水环境质量标准（GB/T 14848—93）等。具体见附录。

第 2 章 化粪池与沼气池

化粪池是处理粪便并加以过滤沉淀的设备。其原理是固化物在池底分解，上层的水化物体，进入管道流走，防止管道堵塞，给固化物体（粪便等垃圾）有充足的时间水解。在我国农村地区，用于集粪的简易化粪池长久以来一直被广泛使用。随着经济的发展，粪便被用作肥料的比例逐渐减少，反而成为农村生活废弃物的主体。鉴于化粪池的原理，可以作为农村如厕废水的预处理装置，在农村地区推广使用。另外，沼气池在部分省份的农村地区也有较广泛的应用，人畜排出的固体粪便也可以作为原料投入沼气池用于发酵沼气。沼气池排除的废料——沼液直接排入环境将严重威胁农村水体安全，沼液也属于农村生活污水的一部分。沼气池的工作原理与化粪池具有很大的相似性，沼气池也可被视为农村废弃物的预处理装置，本章重点介绍化粪池和沼气池的原理和使用技术。

2.1 化粪池

2.1.1 化粪池的定义与分类

化粪池也称腐化池，属于初级的过渡性生活污水处理构筑物，其主要作用是去除生活污水中可沉淀和悬浮的污染物质，贮存并厌氧消化沉在池底的污泥，使污泥集中用作肥料，在国外应用较为普遍，在我国应用更加广泛。其沉淀原理类似于平流式沉淀池，分为酸性发酵和碱性发酵两个阶段。第一阶段为酸性发酵阶段，产生H_2S、硫醇、吲哚、粪臭素等有害气体和腐臭味，粪便污水 pH 为 5.0～6.0。悬浮杂质吸附气泡浮于水面后，又因气体释放而沉入池底，循环的沉浮运动使悬浮杂质逐渐变小，粪块中的寄生虫卵也随之剥离沉入池底。第二阶段是碱性发酵阶段，第一阶段产生的氨基酸在甲烷菌作用下分解为 CO_2、CH_4、氨，池内粪液 pH 约为 7.5。作为一种不需要搅拌和加热的生活污水处理构筑物，化粪池对减轻环境污染方面起到了重要的作用。通过化粪池的预处理可有效防止管道堵塞，也可有效降低后续处理单元的有机污染负荷。

化粪池根据建筑材料和结构的不同可分为砖砌化粪池、现浇钢筋混凝土化粪池、预制钢筋混凝土化粪池以及玻璃钢化粪池（图 2-1）等。

图 2-1　玻璃钢化粪池

根据池子形状可以分为矩形化粪池和圆形化粪池。根据化粪池池子格数可分为单格化粪池、两格化粪池、三格化粪池和四格化粪池等。在我国比较落后的农村地区主要使用以收集粪便并制肥为目的的单格化粪池，这种化粪池最为简单。目前我国使用最多的是三格化粪池。

2.1.2 三格化粪池

三格化粪池（图 2-2）中，第 1 池主要起截留粪渣、发酵和沉淀虫卵作用；第 2 池起继续发酵作用；第 3 池主要起贮存发酵后粪液作用；三池由连通管相连。连通管形式多样，有倒 U 形、倒 L 形、直接斜插连通管形、直接开孔形等，前 1 种杀卵灭菌效果较好，直接开孔建造简单，不易堵塞，但卫生效果差。一般连通管以水泥预制、陶管或 PVC 塑料管居多。在第 1 池和第 3 池上方分别设有清渣口和出粪口。自第 3 池出粪口流出的粪液已基本不含寄生虫卵和病原微生物，可供农田直接使用。

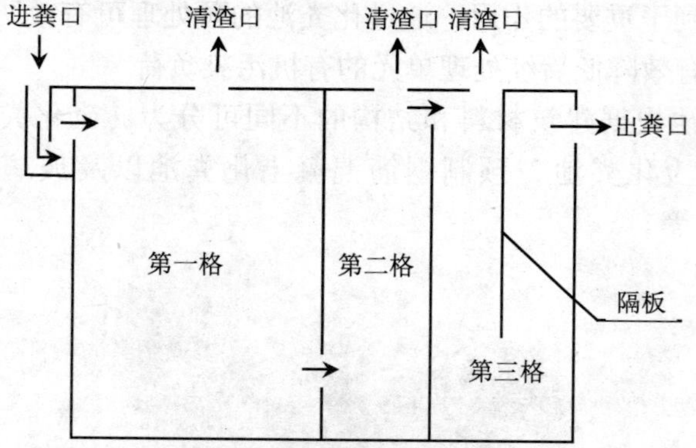

图 2-2 三格化粪池结构示意图

目前我国农村很多地区采用三格化粪池处理生活污水，北京郊县农村按北京市卫生村的标准将住户卫生间改为冲厕，作三格化粪池，池后作渗水井，渗透至土壤排水。厕所主体结构分为地上及地下两部分，地上部分为洗手间，尺寸一般为 1 440mm×1 440mm；地下部分为化粪池，结构尺寸为 3 720mm×1 680mm，高 1 120mm。三格化粪池容积比例为 2∶1∶3，基础为 100mm 厚的混凝土，外墙、第一格与第二格隔墙为 240mm 墙，第二格与第三格隔墙可为 120mm 墙，池内壁采用 1∶3 的水泥砂浆打底，再用 1∶2 的水泥砂浆抹面。三格化粪池的冲厕进水 COD_{Cr} 为 2 000mg/L 以上，COD_{Cr} 的去除率约 35%，15cm 厚的土层对 COD_{Cr} 的去除率可达 70%。

2.1.3 化粪池的设计

2.1.3.1 化粪池容积

化粪池的容积应根据使用人数、粪便发酵的时间以及灭菌的要求来决定。我国通用计算参数是每人每天的粪尿排泄量，包括冲洗厕所用水在内，一般按 3.5kg 计算，粪便发酵时间及病原体残留时间按 30d 计算，在三格化粪池中，通常在第一格需要停留 20d，第二格停留 10d，第一格和第二格的容积分别按此停留时间计算，第三格容积一般为前两格容积之和。粪池容积的计算式为：

粪池容积=（人数×排粪尿量×停留时间）/1 000

考虑到便器的清洗次数、实际用水量难以掌握和便于施工等情况，实际的粪池容积比计算结果大 15%～25%为宜。为确保处理效果，目前的标准规定，最小的三格化粪池总容积要求不能小于 1.5m^3。

2.1.3.2 进、出水水质实测

化粪池出水水质、杂质去除率、处理效果的实测资料不如给水与排水处理设施的测试资料齐全。应在各地选择有代表性的类别建筑，在不同季节、同日不同时间对化粪池进、出水质、处理效果进行全面测试，且根据生活污水成分的变化进行定期测试，以丰富、完善设计资料，指导工程设计。

2.1.3.3 关于标准图的采用

化粪池国标图纸的采用，简化了设计工作，加快了工程建设进度，也保证了设计质量，便于施工与预、决算。但国标图纸适应性毕竟有一定限制。建筑给排水设计中，应高度重视化粪池设计这一环节，尽量不套标准图，同平流式沉淀池设计一样，进行详细的水力计算，使化粪池尺寸尽量满足沉淀的水力要求，以确保处理效果。另外，标准图须不断完善、补充，在国标图指导下，编制各省、各市的参考标准图，且应根据粪便污水是否与其他生活污水合流、建筑物类别（住宅、公共建筑、学校等）污水流量的不同，编制当地各类标准图，以提高适应性，确保处理效果。

2.1.3.4 清掏周期

化粪池的清掏周期与粪便污水温度、气温、建筑物性质及排水水质、水量有关。设计清掏周期过短，则化粪池粪液浓度过高，与实际清掏周期差距过大，影响正常发酵和污水处理效果，甚至造成粪液漫溢，影响环境卫生。设计清掏周期过长，则化粪池容积过大，增加造价。《建筑给水排水设计规范》（GBJ 15—88）要求清掏周期为 3～12 个月，实际设计中多取 3～9 个月，而酸性发酵阶段的酸性发酵期为 3 个月，酸性减退期为 5 个月左右。实践证明：清掏周期的取定，应兼顾污水处理效果、建设造价、管理三个方面因素，清掏周期一般不宜少于 12 个月。上元门水厂宿舍区平房群共用化粪池，使用人数 200 人，生活污水标准每人 30L/d，污泥量每人 0.4L/d，进入化粪池新鲜污泥含水率取 95%，发酵后污泥含水率取 90%，设计清掏周期选取 12 个月，经计算化粪池容积为 $21m^3$。

2.1.3.5 停留时间

化粪池的停留时间是关系污水处理效果和化粪池容积与造价的重要指标。停留时间过短，则污水处理效果差，停留时间过长，又增加化粪池容积与造价，且布置困难。停留时间的确定，应兼顾污水处理效果与建设造价两方面因素，因考虑到发酵产生气泡对沉淀要求的层流状态的影响，化粪池流线转折多对沉淀的不利影响，生活污水排放的瞬时变化大对进水流量均匀的影响，化粪池的停留时间应留有余地。《建筑给水排水设计规范》要求：停留时间取 12～24h。实践证明：停留时间不宜少于 12h，以保证污水处理效果。

2.1.3.6 抗渗设计

为保护环境，防止污染，化粪池应按水工构筑物要求进行抗渗设计，抗渗标号不宜过低。

2.1.4 化粪池的优缺点

三格化粪池是一个简单的粪便沉淀预处理装置，能从液体中分离出固体粪便，并对有机物进行一定的厌氧消化，具有施工工程量比较小、投资小、易于推广、能去除 COD_{Cr} 和虫卵、不耗能、日常管理方便、不占用耕地等优点。但是三格化粪池对污水处理的效果十分有限，除了对 COD_{Cr} 去除效果比较明显外，对 TP 和 TN 去除效果不明显，排入环境中的污水水质明显达不到国家排放标准，而且污水处理量比较小，需要每半年清掏一次污泥，费时费工。主要表现在以下几个方面：

（1）化粪池基本为传统三格式，主要问题为堵塞、溢出、老化、泄漏，尤其是建成 10 年以上的老城区比较突出，化粪池出现的这些问题给周边居民的生活带来了诸多不便，时有粪便溢出，尤其在雨季特别严重。

（2）化粪池无统一规划，多数属自筹自建，处理不合格，超负荷运行。早期建设的化粪池容量小，数量少，现已老化。部分老社区的化粪池只能算贮粪池，部分化粪池很久未清掏，运营管理上问题较多，存在着安全隐患。有些池子则向阴沟或河流排放，严重污染环境。

（3）无人管理，无法定期清掏。大多化粪池只有出现溢出、泄漏等情况时，才联系有关单位进行清掏。

（4）几乎所有社区和物业公司均无化粪池建设图纸。大部分新宅的图纸由房地产开发公司保管，一旦化粪池出现问题，难以解决。房屋下沉造成化粪池排污管倾斜，排污困难。一到下雨天，情况更加突出。

（5）部分化粪池存在产权归属问题。在遇到化粪池堵塞时，市政部门不能及时疏通，物业又因产权问题无权疏通。

（6）管理者对化粪池的相关知识了解不够，对化粪池管理的重要性认识不足。有 81.5%的管理者不曾对辖区内的居民进行有关化粪池知识的宣传。为了图便宜，73.11%的管理者找私人单位清掏，请环卫处清掏的只占 21.85%，管理者自掏占 5.04%。在调查中，有诸多化粪池管理者对抽运处理口的位置不清楚，甚至不知道其辖区内化粪池个数，有化粪池位置图的物业仅占27.73%。

（7）化粪池清掏市场混乱，清掏队伍的技术不规范。私人清掏公司价格低，计费方式灵活，态度比较热情。与之相比，环卫处清掏队缺乏市场竞争力，主要原因是收费较高，一般比私人清掏公司高出50～100元/车，清掏技术有问题，服务意识不强，服务态度不够好。

2.1.5 化粪池的发展趋势

（1）随着经济的发展，各地应加快城市污水处理工程建设，逐步、尽快地取代化粪池，提高生活污水的处理程度，保证污水处理效果，以保护环境，减少水污染，也解决了化粪池的环境卫生问题。

（2）可将传统的化粪池改建为沼气净化池，这一课题为中央爱卫会推广项目。获国家专利和中国“爱迪生杯奖”的浙江金华“生态公厕”即是成功的实例，沼气净化池设在公厕下，粪便污水由沼气净化池处理，取消了化粪池，所产生的沼气供公厕管理人员作生活燃料，废液作为厕所屋顶、墙面、周围环境绿化及种菜的有机肥料，具有粪便处理效果好、综合利用废料、使用方便、环境优美、经济效益、环境效益和社会效益显著等优点。

（3）国内近年来开始研究的将传统的化粪池改造为五格厌氧消化池，是一个应用前景广阔的发展方向。国外目前多采用小型厌氧或好氧污水净化槽，也值得研究。

（4）化粪池作为过渡形式将长期存在，必须大力加强化粪池的管理工作，严格执行定期清掏制度。据太原市三个住宅小区调查情况，两年以上未清掏的化粪池占总数的80%，有些自投用以来从未清掏。

（5）在化粪池的管理中，可强制要求定期用漂白粉消毒，以增强处理效果，改善出水细菌学指标，但不可因过于频繁使用漂白粉而影响正常发酵。

（6）传统化粪池的工艺参数取决于适宜范围、污水水量和水质的适应性，应进一步深入研究，加以完善。同时应进行高效沉淀技术的研究、开发，以提高化粪池处理效果和容积利用率。

2.2 沼气池

2.2.1 沼气

沼气是有机物质在厌氧环境中，在一定的温度、湿度、酸碱度的条件下，通过微生物发酵作用，产生的一种可燃性气体。这种气体最初是在沼泽、湖泊、池塘中被发现的，因而把这种气体称为沼气。沼气含有多种气体，主要成分是甲烷。沼气细菌分解有机物，产生沼气的过程，叫沼气发酵。根据沼气发酵过程中各类细菌的作用，沼气细菌可以分为两大类。第一类细菌叫做分解菌，它的作用是将复杂的有机物分解成简单的有机物和 CO_2 等。它们当中有专门分解纤维素的，叫纤维分解菌；有专门分解蛋白质的，叫蛋白分解菌；有专门分解脂肪的，叫脂肪分解菌；第二类细菌叫产甲烷细菌，通常叫甲烷菌，它的作用是把简单的有机物及 CO_2 氧化或还原成甲烷。因此，有机物变成沼气的过程，就好比工厂里生产一种产品的两道工序：首先是分解细菌将粪便、秸秆、杂草等复杂的有机物加工成半成品——结构简单的化合物；其次是在甲烷细菌的作用下，将简单的化合物加工成产品——生成甲烷（CH_4）。

沼气是一种混合气体，它的主要成分是甲烷，其次有 CO_2、硫化氢、氮及其他一些成分。沼气的组成中，可燃成分包括甲烷、硫化氢、CO 和重烃等气体；不可燃成分包括 CO_2、氮和氨等气体。在沼气成分中甲烷含量为 55%～70%、CO_2 含量为 28%～44%、硫化氢平均含量为 0.034%。

沼气是一种无色、有味、有毒、有臭的气体，它的主要成分甲烷在常温下是一种无色、无味、无臭、无毒的气体。甲烷分子式是 CH_4，是一个碳原子与四个氢原子所结合的简单碳氢化合物。甲烷对空气的质量比是 0.54，比空气约轻一半。甲烷溶解度很低，在 20℃、100Pa 时，100 单位体积的水，只能溶解 3 个单位体积的甲烷。

甲烷是简单的有机化合物，是优质的气体燃料。燃烧时呈蓝色火焰，最高温度可达 1 400℃左右。纯甲烷每立方米发热量为 36.8kJ。沼气每立方米的发热量约 23.4kJ，相当于 0.55kg 柴油或 0.8kg 煤炭充分燃烧后放出的热量。从热效率分析，每立方米沼气所能利用的热量，相当于燃烧 3.03kg 煤所能利用的热量。

2.2.2 沼气池类型

随着我国沼气科学技术的发展和农村家用沼气的推广，根据当地使用要求和气温、地质等条件，家用沼气池有固定拱盖的水压式池、大揭盖水压式池、吊管式水压式池、曲流布料水压式池、顶返水水压式池、分离浮罩式池、半塑式池、全塑式池和罐式池。形式虽然多种多样，但是归总起来大体由水压式沼气池、浮罩式沼气池、半塑式沼气池和罐式沼气池四种基本类型变化形成的。与四位一体生态型大棚模式配套的沼气池一般为水压式沼气池，它又有几种不同形式。

2.2.2.1 固定拱盖水压式沼气池

固定拱盖水压式沼气池有圆筒形、球形和椭球形三种池型（图 2-3、图 2-4 和图 2-5）。这种池型的池体上部气室完全封闭，随着沼气的不断产生，沼气压力相应提高。这个不断增高的气压，迫使沼气池内的一部分料液进到与池体相通的水压间内，使得水压间内的液面升高。这样一来，水压间的液面与沼气池体内的液面就产生了一个水位差，这个水位差就叫做“水压”（也就是 U 形管沼气压力表显示的数值）。用气时，沼气开关打开，沼气在水压下排出；当沼气减少时，水压间的料液又返回池体内，使得水位差不断下降，导致沼气压力也随之相应降低。这种利用部分料液来回窜动，引起水压反复变化来贮存和排放沼气的池型，就称为水压式沼气池。

水压式沼气池，是我国推广最早、数量最多的池型，是在总结“三结合”“圆、小、浅”“活动盖”“直管进料”“中层出料”等群众建池的基础上，加以综合提高而形成的。“三结合”就是厕所、猪圈和沼气池连成一体，人畜粪便可以直接打扫到沼气池里进行发酵。“圆、小、浅”就是池体圆、体积小、埋深浅。“活动盖”就是沼气池顶加活动盖板。

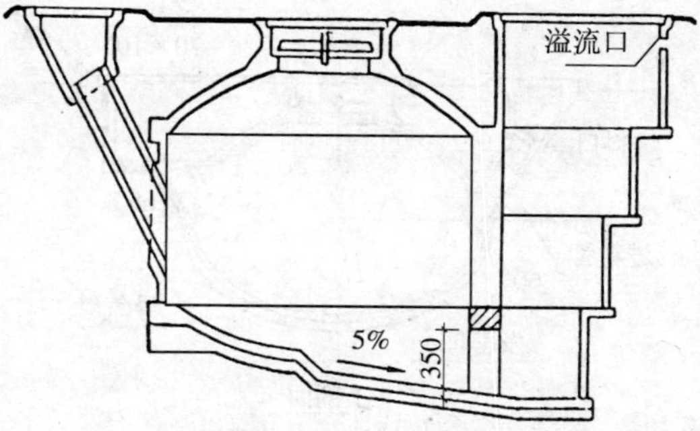

图 2-3　圆筒形水压式沼气池结构示意图（单位：mm）

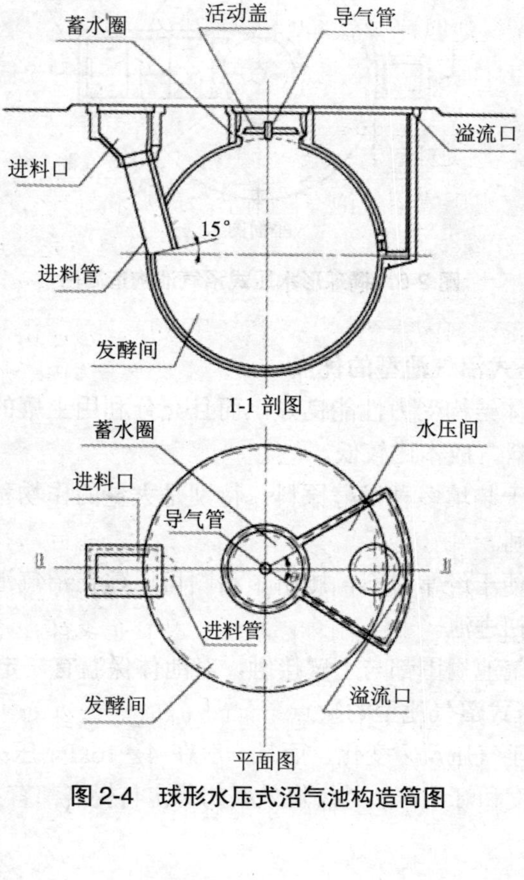

图 2-4　球形水压式沼气池构造简图

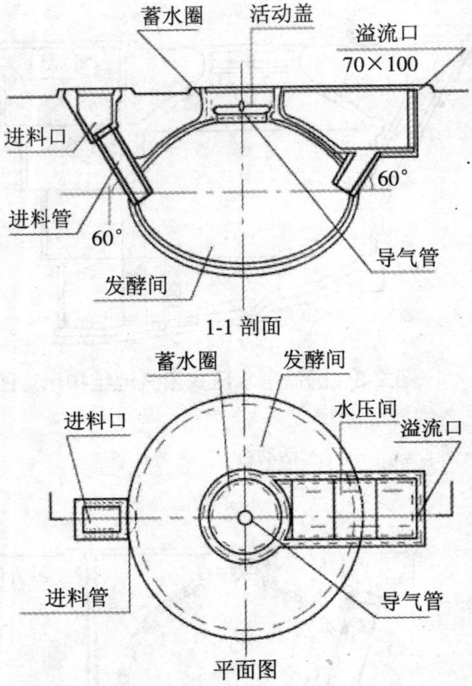

图 2-5 椭球形水压式沼气池构造简图

1）水压式沼气池型的优点

（1）池体结构受力性能良好，而且充分利用土壤的承载能力，所以省工省料，成本比较低。

（2）适于装填多种发酵原料，特别是大量的作物秸秆，对农村积肥十分有利。

（3）为便于经常进料，厕所、猪圈可以建在沼气池上面，粪便随时都能打扫进池。

（4）沼气池周围都与土壤接触，对池体保温有一定的作用。

2）水压式沼气池型的缺点

（1）由于气压反复变化，而且一般在 4～16kPa 压力之间变化。这对池体强度和灯具、灶具燃烧效率的稳定与提高都有不利的影响。

（2）由于没有搅拌装置，池内浮渣容易结壳，又难以破碎，所以发酵原料的利用率不高，池容产气率（每立方米池容积一昼夜的产气量）偏低，一般产气率每天仅约为 $0.15m^3/m^3$。

（3）由于活动盖直径不能加大，对发酵原料以秸秆为主的沼气池来说，大量出料工作比较困难。因此，出料的时候最好采用出料机械。

2.2.2.2 变型的水压式沼气池

1）中心吊管式沼气池

中心吊管式沼气池（图 2-6）将活动盖改为钢丝网水泥进、出料吊管，使其有一管三用的功能（代替进料管、出料管和活动盖），简化了结构，降低了建池成本，又因料液使沼气池拱盖经常处于潮湿状态，有利于其气密性能的提高。而且出料方便，便于人工搅拌。但是，新鲜的原料常和发酵后的旧料液混在一起，原料的利用率有所下降。

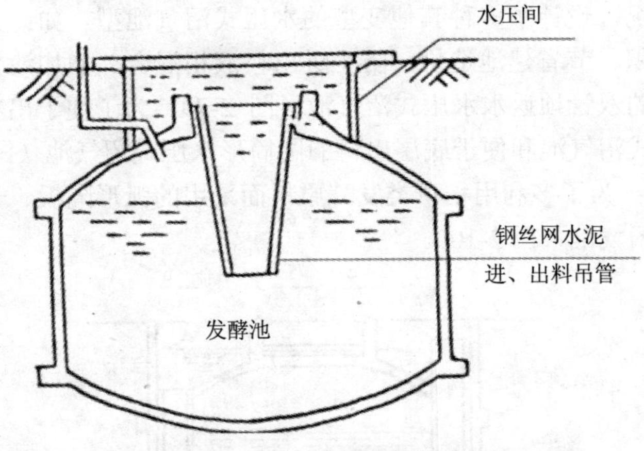

图 2-6　中心吊管式沼气池构造简图

2）曲流布料水压式沼气池

该池型是由昆明市农村能源环保办公室于 1984 年设计成功的一种新池型。它的发酵原料不用秸秆，全部采用人、畜、禽粪便。原料的含水量在 95%左右（不能过高）。该池型有如下特点：

（1）在进料口咽喉部位设滤料盘。

（2）原料进入池内由布料器进行半控或全控式布料，形成多路曲流，增加新料扩散面，充分发挥池容负载能力，提高了池容产气率。

（3）池底由进料口向出料口倾斜。

（4）扩大池墙出口，并在内部设隔板，塞流固菌。

（5）池拱中央、天窗盖下部吊笼，输送沼气入气箱。同时，利用内部气压、气流产生搅拌作用，缓解上部料液结壳。

（6）把池底最低点放在水压间底部。在倾斜池底作用下，发酵液可形成一定的流动推力，实现进出料自流，可以不打开天窗盖把全部料液由水压间取出。

2.2.2.3 其他各种变型的水压式沼气池

除了上述两种变型的水压式沼气池外，各地还根据各自的具体使用情况，设计了多种其他变型的水压式沼气池型。如：为了减少占地面积、节省建池造价、防止进出料液相混合、增加池拱顶气密封性能的双管顶返水水压式沼气池（图 2-7）；为了便于出料的大揭盖水压式沼气池和便于底层出料的圆筒形水压式沼气池（图 2-8 和图 2-9）；为了多利用秸草类发酵原料而采用的弧形隔板、干湿发酵水压式沼气池（图 2-10）。

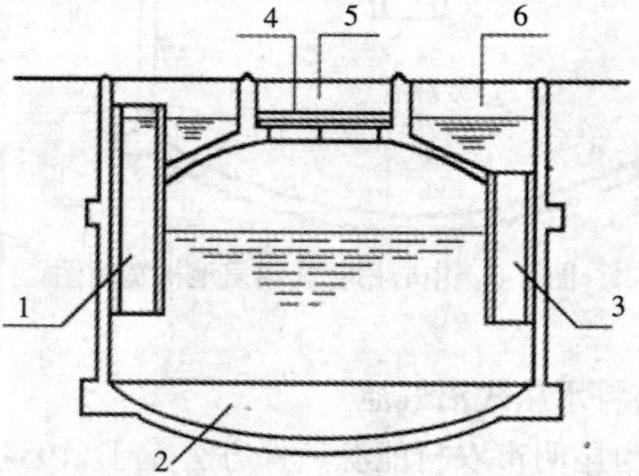

1—进料管；2—发酵池；3—出料连通管；4—活动盖；5—导气管；6—水压间

图 2-7 双管顶返水水压式沼气池简图

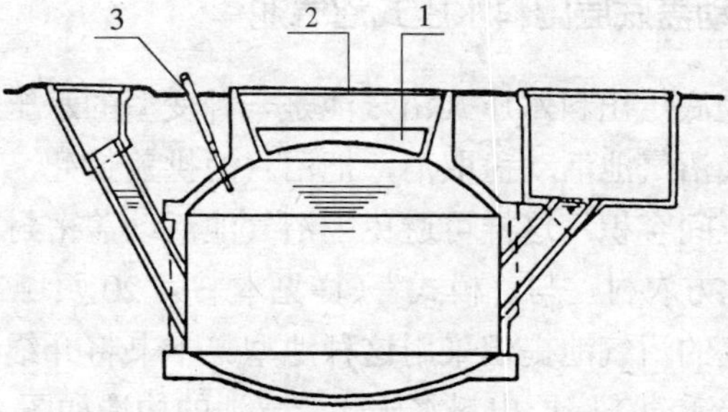

1—大直径活动盖；2—蓄水池盖板；3—导气管

图 2-8　大揭盖水压式沼气池简图

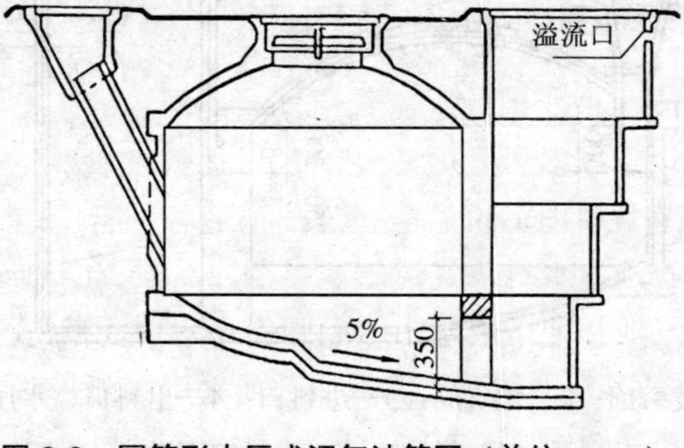

图 2-9　圆筒形水压式沼气池简图（单位：mm）

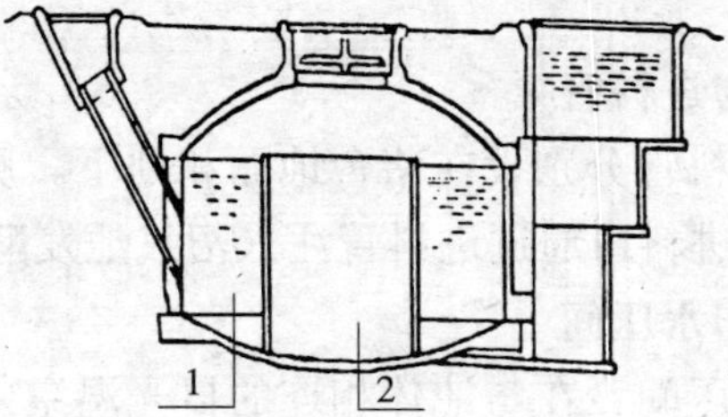

1—湿发酵区；2—干发酵区

图 2-10　干、湿发酵水压式沼气池简图

2.2.2.4 无活动盖底层出料水压式沼气池

无活动盖底层出料水压式沼气池是一种变型的水压式沼气池。该池型将水压式沼气池活动盖取消，把沼气池拱盖封死，只留导气管，并且加大水压间容积，这样可避免因沼气池活动盖密封不严带来的问题，在我国北方农村，与“模式”（详见本书第 20 页 2.2.2 沼气池类型）配套新建的沼气池提倡采用这种池型。本书将介绍该种沼气池的建造技术。无活动盖底层出料水压式沼气池的构造如图 2-11 所示。沼气池为圆柱形，斜坡池底。它由发酵间、贮气间、进料口、出料口、水压间、导气管等组成。

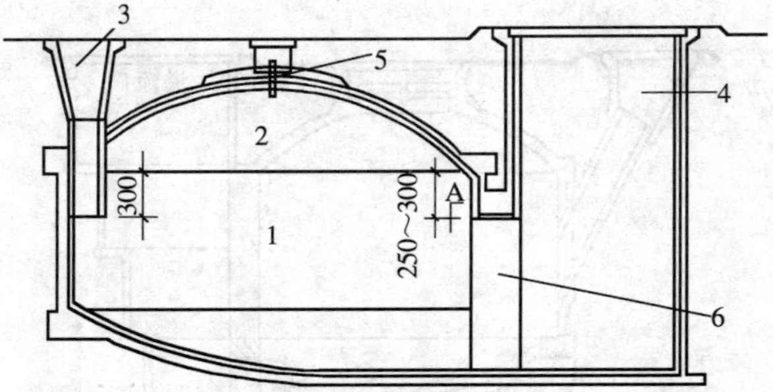

1—发酵间；2—贮气间；3—进料口；4—出料口、水压间；
5—导气管；6—出料口通道

图 2-11　底层出料水压式沼气池构造（单位：mm）

1）进料口与进料管

进料口与进料管分别设在猪舍地面和地下。厕所、猪舍及收集的人畜粪便，由进料口通过进料管注入沼气池发酵间。

2）出料口与水压间

出料口与水压间设在与池体相连的日光温室内。其目的是便于蔬菜生产施用沼气肥，同时出料口随时放出 CO_2 进入日光温室内促进蔬菜生长。水压间的下端通过出料通道与发酵间相通。出料口要设置盖板，以防人、畜误入池内。

3）池底

池底呈锅底形状，在池底中心至水压间底部之间，建一U形槽，下返坡度5%，便于底层出料。

4）工作原理

（1）未产气时，进料管、发酵间、水压间的料液在同一水平面上。

（2）产气时，经微生物发酵分解而产生的沼气上升到贮气间，由于贮气间密封不漏气，沼气不断积聚，便产生压力。当沼气压力超过大气压力时，便把沼气池内的料液压出，进料管和水压间内水位上升，发酵间水压下降，产生了水位差，由于水压气而使贮气间内的沼气保持一定的压力。

（3）用气时，沼气从导气管输出，水压间的水流回发酵间，即水压间水位下降，发酵间水位上升。依靠水压间水位的自动升降，使贮气间的沼气压力能自动调节，保持燃烧设备火力的稳定。

（4）产气太少时，如果发酵间产生的沼气跟不上用气需要，则发酵间水位将逐渐与水压间水位相平，最后压差消失，沼气停止输出。

2.2.3 沼气池的设计

2.2.3.1 沼气池的设计原则

建造“模式”中的沼气池，首先要做好设计工作。总结多年来科学实验和生产实践的经验，设计与模式配套的沼气池必须坚持下列原则：

1）必须坚持“四结合”原则

“四结合”是指沼气池与畜圈、厕所、日光温室相连，使人畜粪便不断进入沼气池内，保证正常产气、持续产气，并有利于粪便管理，改善环境卫生，沼液可方便地运送到日光温室蔬菜地里作肥料使用。

2）坚持“圆、小、浅”的原则

“圆、小、浅”是指池型以圆柱形为主，池容 6～12m^3，池深 2m 左右，圆形沼气池具有以下优点：①根据几何学原理，相同容积的沼气池，圆形比方形或长方形的表面积小，比较省料；②密闭性好，且较牢固，圆形池内部结构合理，池壁没有直角，容易解决密闭问题，而且四周受力均匀，池体较牢固；③我国北方气温较低，圆形池置于地下，有利于冬季保温和安全越冬；④适于推广，无论南方还是北方，建造圆形沼气池都有利于保证建池质量，做到建造一个，成功一个，使用一个，巩固一个，积极稳步地普及推广。小，是指主池容积不宜过大。浅，是为了减少挖土深度，也便于避开地下水，同时发酵液的表面积相对扩大，有利于产气，也便于出料。

3）坚持直管进料，进料口加箅子、出料口加盖的原则

直管进料的目的是使进料流畅，也便于搅拌。进料口加箅子是防止猪陷入沼气池进料管中。出料口加盖是为了保持环境卫生，消灭蚊蝇滋生场所和防止人、畜掉进池内。

2.2.3.2 沼气池的设计依据

设计与“模式”配套的沼气池，制定建池施工方案，必须考虑下列因素：

1）选择池基应考虑土质

建造沼气池，选择地基很重要，这是关系到建池质量和池子寿命的问题，必须认真对待。由于沼气池是埋在地下的建筑物，因此，与土质的好坏关系很大。土质不同，其密度不同，坚实度也不一样，容许的承载力就有差异。而且同一个地方，土层也不尽相同。如果土层松软或沙性土或地下水位较高的烂泥土，池基承载力不大，在此处建池，池基承受不了，必然引起池体沉降或不均匀沉降，造成池体破裂，漏水漏气。一般自然土层，每平方米容许承载力都超过 10t 以上，在这样的自然土层上建造沼气池，是没有什么问题的。因此，池基应该选择在土质坚实、地下水位较低，土层底部没有地道、地窖、渗井、泉眼、虚土等隐患之处；而且池子与树木、竹林或池塘要有一定距离，以免树根、竹根扎入池内或池塘涨水时影响池体，造成池子漏水漏气；北方干旱地区还应考虑池子离水源和用户都要近些，若池子离用户较远，不但管理（如加水、加料等）不方便，输送沼气的管道也要很长，这样会影响沼气的压力，燃烧效果不好。此外，还要尽可能选择背风向阳处建池。

2）设计池子应考虑荷载

确定荷载是沼气池设计中一项很重要的环节。所谓荷载，是指单位面积上所承受的重量。如果荷载确定过大，设计的沼气池结构截面必然过大，结果用料过多，造成浪费；如果荷载确定过小，设计的强度不足，就容易造成池体破裂。荷载的计算标准一般为：池身自重（按混凝土量计算）每立方米为 2.5t 左右，拱顶覆土每立方米为 2t 左右，池内发酵原料每立方米容积为 1.2t 左右，沼气池产气后池内每平方米受压为 1t 左右。此外，经常出现在池顶的人、畜等压力以最大量考虑为 1t 左右。所以，地基和承载力至少不能小于每平方米 8t。

3）设计池子应考虑拱盖的矢跨比和池墙的质量

建造沼气池，一般都用脆性材料，受压性能较好，抗拉性能较差。根据削球形拱盖的内力计算，当池盖矢跨比在 1∶5.35 时，是池盖的环向内力变成拉力的分界线；大于这个分界线，若不配以钢筋，池盖则可能破裂，因此，在设计削球形池拱盖时矢跨比（矢高与直径之比，矢高指拱脚至拱顶的垂直距离）一般为 1∶4～1∶6；在设计反削球形池底时矢跨比为 1∶8 左右（具体的比例还应根据池子大小、拱盖跨度及施工条件等决定）。注意在砌拱盖前要砌好拱盖的蹬脚，蹬脚要牢固，使之能承受拱盖自重、覆土和其他荷载（如畜圈、厕所等）的水平推力（一般说来，一个直径为 5m，矢跨比为 1∶5，厚度为 10cm 的混凝土拱盖，其边缘最大拉力约为 10t），以免出现裂缝和垮塌的危险；其次，池墙质量必须牢固。池墙基础（环形基础）的宽度不得小于 40cm（这是工程构造上的最小尺寸），基础厚度不得小于 25cm。一般基础宽度与厚度之比，应在

1：（1.5～2）范围内为好。

2.2.3.3 沼气池容积的计算

建造沼气池，事先要进行池子容积的计算，就是说计划建多大的池子为好。计算容积的大小原则上应根据用途和用量来确定。池子太小，产气就少，不能保证生产、生活的需要；池子太大，往往由于发酵原料不足或管理跟不上去等原因，造成产气率不高。目前，我国农村沼气池产气率普遍不够稳定，夏天一昼夜每立方米池容约可产气 1.5m^3，冬季约可产气 0.1m^3，一般农村五口人的家庭，每天煮饭、烧水约需用气 1.5m^3（每人每天生活所需的实际耗气量约为 0.2m^3，最多不超过 0.3m^3）。同时，应考虑生产用肥。因此，农村建池，每人平均按 1.5～2m^3 的有效容积计算较为适宜（有效容积一般指发酵间和贮气箱的总容积）。根据这个标准建池，人口多的家庭，平均有效容积少一点，人口少的家庭，平均有效容积多一点；北方地区一般气温较低，可多一点，南方地区一般气温较高，可少一点。如一个五口人的家庭，建造一个 8～10m^3 的沼气池，管理得好，所产沼气基本上能满足一家人一年四季煮饭、烧水或点灯的需要，在北方即使在冬季气温较低，产气量有所减少的情况下，仍可供煮两餐饭或烧开水用。所以一般家庭养猪存栏 6～10 头，日光温室面积在 100～150m^2，可建 6m^3、8m^3、10m^3 的沼气池为宜。对于建在野外的四位一体生态型大棚模式，一般“模式”面积为 667m^2 左右，这时，养猪头数可增加，沼气池容积大一些为好，但这不是绝对的，因为若沼气池容积满足不了炊事用能及蔬菜生产用肥的需要，可由外界补充能源及肥料，从而使“模式”正常运行。

2.2.4 沼气池的施工技术

2.2.4.1 备料

建一个 8m^3 的沼气池需要水泥 1t、砂子 2m^3、碎石（规格 1～

3cm）0.6m³、红砖 600 块、陶瓷管（直径 20～30cm）1～2 根、钢筋（直径 14mm）1.2m。如果建 10m³ 沼气池，其水泥、砖、砂再增加 10%，若建 6m³ 沼气池，则水泥、砖、砂比 8m³ 沼气池用量要减少 10%。

2.2.4.2 放线

放线挖坑是保证建池质量的第一关，必须按规定尺寸施工。图 2-12 是三种“模式”总体放线布置图，供放线时参考。以图 2-12 中 A 图为例说明放线要点：

（1）画出总体平面；

（2）画出温室、猪舍面积，猪舍在东侧或西侧；

（3）画出“模式”宽度中心线；

（4）以 O 为起点，在猪舍内侧找出池的中心点 O，以 O 为圆心，以池的半径加 6cm 为半径画圆，确定池的位置；

（5）确定进料口、出料口位置。要在“模式”宽度中心线上确定为进料口中心点和位于日光温室内的出料口中心点，用白灰做好标记。

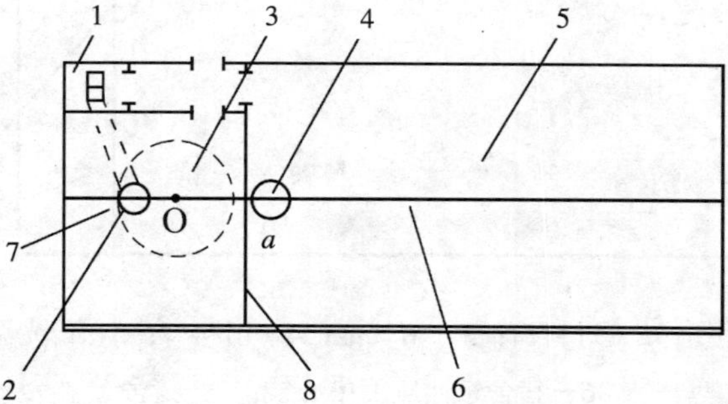

A

1—厕所；2—进料口；3—沼气池；4—出料口；5—日光温室；

6—模式宽度中心线；7—猪舍；8—内山墙

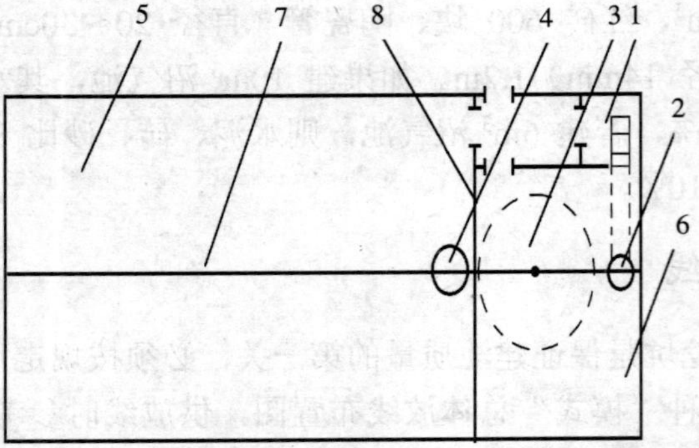

B

1—厕所；2—进料口；3—沼气池；4—出料口；5—日光温室；

6—猪舍；7—模式宽度中心线；8—内山墙

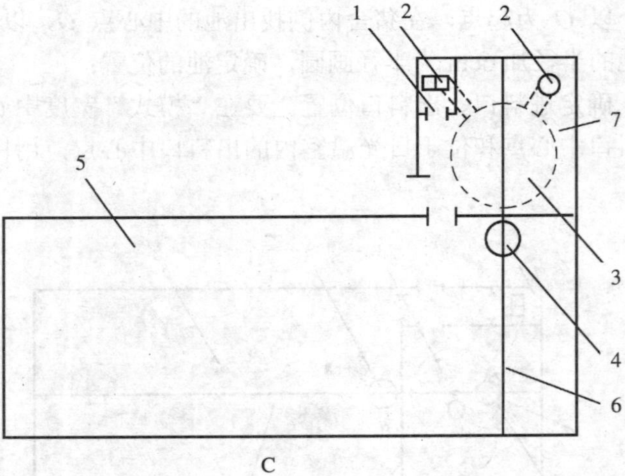

C

1—厕所；2—进料口；3—沼气池；4—出料口；5—日光温室；

6—猪舍东西宽度中心线；7—猪舍

图 2-12　不同“模式”总体放线布置图

2.2.4.3 池坑开挖

在“模式”内建沼气池均采用地下埋式，沼气池土方工程采用大开挖的施工工艺。首先，应确定好正负零的高度。池坑深度按设计图确定，即沼气池的池顶与出料口保持在一个水平面上，并高出猪舍地面 10cm。进料口超高地面 2cm，如果挖得过深使沼气池低于地平面，影响配套使用，挖得过浅使沼气池突出地面，给养猪和日光温室施肥造成困难。具体尺寸如表 2-1 所示。

表 2-1　6～10m³ 沼气池结构规格标准

容积/m³	内直径/m	池墙高/m	池顶矢高/m	池顶曲率半径/m	水压间	
					深/m	直径/m
6	2.40	1.00	0.48	1.74	2.10	0.90
8	2.70	1.00	0.54	1.96	2.18	1.00
10	3.00	1.00	0.60	2.18	2.28	1.10

为了便于安放建池模具或利用砖模浇筑池体，减少材料损耗，池坑要规圆上下垂直。对于土质良好的地区坑壁可挖直，取土时由中间向四周开挖，开挖至坑壁时留有一定余地，然后按定位桩找出中心点，并钉一固定的木桩，用一条绳的一端固定在中心点的木桩上，绳的另一端拴上一把小把锄，使锄刀到中心点的长度等于池的半径加上墙厚度 6cm 画圆，刮掉阻碍通道的沙土，边挖边修整池坑，直到设计深度为止。池坑挖好后马上将池底修成锅底形状；由锅底中心至水压间底部挖一条 U 形浅槽，下返坡度 5%。对于土质松散的地方，地面以下 80cm 应放坡取土，坡度大小要看土质松散程度而定，以坑壁不坍塌为原则，同时挖好进、出料口坑。如有地下水出现，池底要挖集水坑，以便排水。

建池时遇到地下水，可采用"避、引、堵"的办法来解决。"避"就是避开地下水，尽量不在多雨季节施工，选择地下水位较低、地势较高的地方建池，水网地区可建圆球形池或提高池身，建成半地下池。"引"就是引开地下水，施工前挖排水沟，尽量将水引走。池墙渗水，可将竹管插入渗水处或在池壁上凿 Y 形小沟，使水集中从沟内流至池底。对于池底渗水，可采用十字沟或环形沟集水，并在池底中央挖一较深小井，使水流入井内汲走，待工程告一段落无渗水排出时再填此井。“堵”就是堵住地下水，对池内个别小泉眼，可用砖头、小石块塞紧。若大面积渗水，可采用水玻璃药液防渗剂掺入水泥进行粉刷，快速凝固，堵塞有效。同时，在土质差、地下水位高处建池，池底下面还必须设置沙卵石垫层，其垫层的施工可先铺砌卵石，再用水沉法使沙子挤满卵石空隙，起到确保建池质量的作用。如建池场地确无地下水，池底以下可不加垫层及排水措施。

2.2.4.4 利用混凝土浇筑 $6m^3$、$8m^3$、$10m^3$ 沼气池的现场施工

四位一体生态型大棚模式中的沼气池，一般采用组合式建池。所谓组合式建池就是池底、池墙、水压间下部采用混凝土整体现浇，池拱盖及水压间上部采用砖砌。在现浇拌制混凝土时，必须控制水灰比≤0.65，砂子中泥土含量≤3%，云母含量≤0.5%，碎石中最大粒径≤3cm，泥土含量≤2%。混凝土浇筑工序必须连续进行，间断时间不得超过 1h，浇筑时必须振捣密实，防止出现蜂窝麻面现象。施工顺序如下：

1）砌筑出料口通道

出料口通道如图 2-13 所示。出料口通道用红砖及砂灰砌筑，水泥∶砂子＝1∶2.5。为了便于施工及出料，其通道口宽 50cm，高 70cm，顶部起拱，但上口距池上拱角不得小于 35cm，防止产气多时水面下返而跑气。

2）池墙及水压间下部的浇筑

池墙及水压间下部的浇筑可采用钢模、木模及砖模，一般上述模具为内模，而以池壁为外模。由于钢模造价高，很少采用，而木模和砖模用的较多。若一个村里建多个沼气池，采用木模较方便，若只建一个，则采用砖模为宜。采用砖模的一般砌法是：先把砖用水浸湿，防止拆模困难。每块砖横向砌筑，每层砖砖缝错开，不用带泥口或灰口，做到砌一层砖用混凝土浇筑一层，振捣密实后再砌第二层。混凝土配合重量比为水泥∶砂子∶碎石＝1∶3∶3，池墙高 1m，厚 0.05m。

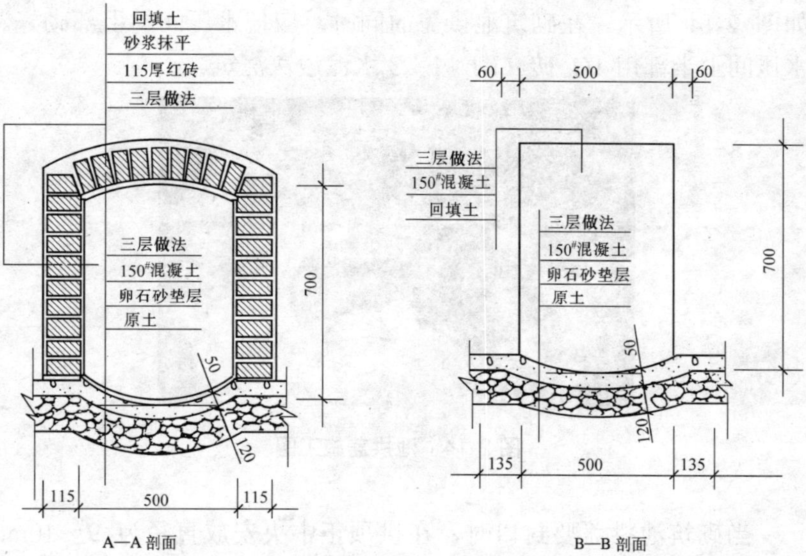

图 2-13 出料口通道（单位：mm）

3）池拱盖的施工

目前，“模式”中的沼气池拱盖用砖砌，“模式”中的沼气池一般采用直管进料，在砌筑池拱盖前要安装好进料管，一般利用直径 200mm、长 600mm 左右的陶瓷管，管内穿绳拴挂在地面的木桩上，进料管喇叭口朝上，上下垂直，紧贴池壁固定好。插入池内深度拱角 250～300mm 为宜。砌筑拱盖可用铁钩或挂绳法固定砖，先由进料管处开始砌，进料管周围要用水泥加固。砌筑拱盖的砖，要选择质量好的，先用水浸湿，保持外湿内干，用 1∶2 水泥砂灰每砌筑一圈，要用小石片嵌牢，边砌筑边注意拱盖弧度，每砌筑 3～5 圈，拱盖外壁用 1∶3 水泥砂灰抹严抹实，拱角处第 1 圈砖上层抹灰时，厚度要达到 30～50mm，用以代替圈梁。随砌随抹灰，随即由外向内均匀地回填土。回填土前，进料管上部也要砌几层砖，防止回填土由进料管进入池内，进料口宽以 240mm 为宜，长度因户而异。注意第一次回填土约 60%即可，防止塌方，其余土量在次日池内密封前回填一部分，整体池完工 10d 后可全部回填完。池拱盖施工图如图 2-14 所示。在砌筑池拱盖的同时，应把水压间的上部砌好。水压间上半部用 1/4 砖立砌，1∶3 水泥砂灰浇筑。

图 2-14　池拱盖施工图

当砌筑池拱盖要封口时，在拱顶正中央安放直径为 9～10mm 的铜导气管，插入深度以池内密封层完工后露出 10mm 左右为宜，拱顶中央用 4 条 500～700mm 长铁筋摆放成井字形，抹灰要加厚加固，以防沼气池运行时压力过大涨坏气箱。在导气管周围，砌一个深 200～300mm，边长 180～200mm 的方形围护墙，在输气管引出方向预留出缺口。猪舍地面以下可砌暗沟或放一个内径为 20～50mm 铁管或塑料护管，以便引出输气管。导气管上面盖上活动盖板，防止输气管被猪啃坏。活动盖板规格 240mm×240mm，厚度为 50～60mm，可用 2 块红砖代替（图 2-15）。

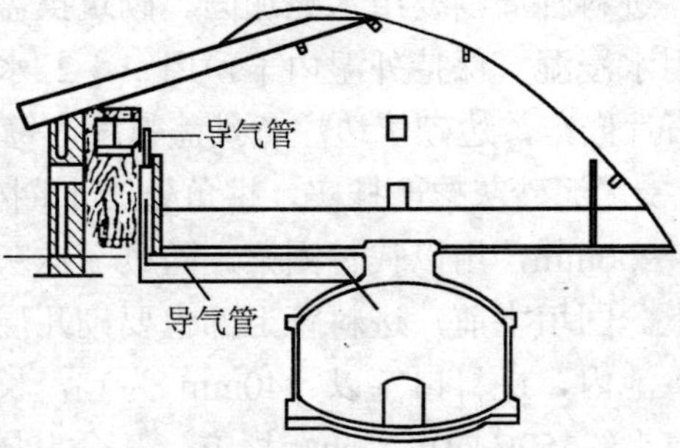

图 2-15　导气管安装位置示意图

4）池底施工

池底先铺一层碎石，用 1∶4 的水泥砂浆将碎石缝隙灌满，然后再用水泥、沙子、碎石以 1∶3∶3 的混凝土浇筑池底，厚度要达到 8～12cm。

5）沼气池池体内部密封

由砖和混凝土组合建造的沼气池只靠结构层还不能满足防渗漏要求，必须对池体进行密封处理才能不漏气、不漏水。沼气池密封层采用 7 层做法和 3 层做法两种，贮气室及池内进料管部分采用 7 层做法；池底、池墙、水压间、出料口通道等采用 3 层做法。其 7 层做法第 1 层用 450 号水泥砂灰刷浆，灰∶水＝0.3∶1；第 2 层抹水泥∶沙子＝1∶2.5 的水泥砂灰，厚度为 0.8～1cm；第 3 层抹 0.1cm 厚素灰；第 4 层抹水泥∶沙子＝1∶2 的水泥砂灰，厚度为 0.4cm；第 5 层抹 0.1cm 厚的素灰；第 6 层用 1∶1 的细沙灰抹 0.3～0.4cm；第 7 层刷素灰浆 3 遍。而 3 层做法是第 1 层与 7 层做法中的第 2 层一起做；第 2 层与 7 层做法中的第 6 层一起做；第 3 层与 7 层做法中的第 7 层一起做。

6）养护

用混凝土浇筑的每个部位，都要进行养护，要求在平均气温大于 5℃条件下自然养护，外露混凝土应加盖草帘浇水养护，养护时间为 7～10d。春、秋要注意早晚防冻。为达到养护目的，在沼气池密封处理以后要把出料口、进料口、池顶口用薄膜盖严。自然养护期达到后经检查试压就可以投料使用。建池完工 24h 后如果下雨应及时向池内加水，加水量应是池内装料容积的一半，以防地下水位上涨鼓坏池体。

7）检查验收

新建沼气池和大换料后保养维护的旧池，必须经过检查验收合格，方可投料使用。其检验方法分为两种：

（1）直接检查法：必须全池强度养护达到 70%以上才能进行，用手指或小木棒叩击无翘壳空响。全池内壁无渗水痕迹，无裂缝、沙眼、孔隙等肉眼可见的缺陷；池外输气管线、开关等配套设施安装齐全牢固。

（2）试压检查法：在直接检查完好的基础上，推荐采用气压检验为主，水压法检验为辅，也可混合使用。一般做法是装水至进、出料管上端 20cm 高度，观测 12h，水位降低无明显变化，视为不漏水；再用打气筒（机）充气（或灌水增压），使压力表达到设计压力的 50%，观察 24h，若压力不降低，继续打气至设计压力，再观测 24h，压力降低值在设计压力的 3%以内，视为不漏气。也可采用空池封闭进出料口、直接充气试压的方法，要求同上。试压中最好将输气管路全部接通，分别检查有否渗漏现象。检查中如有漏水、漏气，须查明部位、原因。经修补使强度达到要求后，再经复验合格，方可投料使用。但使用前，必须将多余的水抽去。未经复验合格者，不得勉强使用。

第3章 人工湿地处理技术

湿地与森林、海洋并称为全球三大生态系统，其位于陆生生态系统和水生生态系统之间的过渡性地带，在土壤浸泡在水中的特定环境下，生长着很多湿地的特征植物。湿地广泛分布于世界各地，拥有众多野生动植物资源，是重要的生态系统。很多珍稀水禽的繁殖和迁徙离不开湿地，因此湿地被称为“鸟类的乐园”。湿地作为一种资源，在保护环境方面起着极其重要的作用，因而又有“地球之肾”的美名。

人工湿地是为了处理各种污水而人工建造、工程化应用的湿地系统，是对天然湿地系统的模拟。这种湿地系统与通常位于低洼区域的天然湿地不同，它可建于具有一定坡度的各种地形。人工湿地系统通常具有一定的长宽比，由土壤和基质填料（如砾石等）混合组成填料床，污水在床体的填料缝隙和床体的表面流动，并在床的表面种植具有处理效果好、生长周期长、抗水性强、具有经济价值并且美观的水生植物（如芦苇等），形成一个具有污水处理功能的独特的生态系统，人工湿地也称为构筑湿地或者生态滤池。

人工湿地依靠物理、化学和生物的协同作用完成污水的净化过程，强化了自然湿地生态系统的去污能力。从自然调节作用来看，人工湿地还具有强大的生态修复功能，不仅在提供水资源、调节气候、降解污染物等方面发挥着重要作用，还能吸收 NO_x、SO_2、CO_2 等气体，净化空气，消除城市热岛效应、光污染和吸收噪声等。

3.1 人工湿地的发展历史

人工湿地技术用于净化污水至今已有上百年的历史，Wallace

和 Knight 指出，最早将湿地用于特意设计处理装置的有文字记载出现在 1901 年的一项美国发明专利中。1903 年，建在英国约克郡 Eargy 的一个用于处理污水的人工湿地被认为是世界上第一个人工湿地处理工程，它一直连续运行到 1992 年。

1953 年，德国的 Seidel 在研究过程中发现芦苇能去除大量有机物和无机物质，他在进一步的试验之后发现，一些污水中的细菌（肠球菌、大肠杆菌、沙门氏菌）在种植芦苇后消失了。其研究结论表明，芦苇和其他高大植物能从水中去除重金属和碳水化合物。20 世纪六七十年代后，这些实验室研究被推广到许多大规模试验，用以处理工业污水、江河水、地表水以及生活污水。

受 Seidel 的启发，荷兰有学者于 1967 年开发了一种现在被称为 Lelystad 工艺的大规模处理系统，该系统是一个占地 $1hm^2$ 的星形自由水面流湿地，水深 0.4m。由于运行问题，该系统后接一个长 400m 的浅沟，之后这种湿地在荷兰建成，并大量推广应用。

Seidel 的工作促进了德国在这方面的研究。在 20 世纪 60 年代中期，Seidel 与 Kichuth 合作并由 Kichuth 开发了“根区法”，此法由一种有芦苇的矩形池子组成。土壤含有钙、铁、铝添加剂，以改善土壤结构和对磷的沉淀性能。水以潜流方式水平流过芦苇根区。污水流过芦苇床时，有机物降解，氮被硝化反硝化，磷与 Ca、Fe、Al 结合沉积于土壤中。水面保持在地面水平位置，在池子进口、出口处进行布水和收集。

欧洲的早期工作对美国人工湿地技术产生了影响。在 20 世纪 60 年代末，美国的 NASA 国家空间技术实验室研究开发了一种“采用厌氧微生物和芦苇处理污水的复合系统”。1976 年，美国 NASA 出版了一本名为《充分利用水生植物》的书，在其中描述了欧洲系统及早期 NASA 系统。NASA 的砾石床系统在去除 BOD、SS、大肠菌及氨氮方面非常有效，北美的其他国家也进行了一些开拓性工作。到八九十年代，北美开始对人工湿地进行试验。初期大部分试验都使用自然湿地处理污水，不久就暴露出一些问题，即应用自然处理系统处理污水会导致种类组成、种群结构、功能及湿地总体价值的显著变化，后来意识到人工湿地具有应用的巨大价值，因为人工湿地不影响自然湿地价值，且可对处理工艺优化进行控制。

1973 年，北美第一个中试规模的人工湿地系统建在 Brookhaven 国家试验中心。这个中试系统由湿地、池塘和草地组成。1975 年，Amoco 石油公司将工业污水排放到湿地系统中，处理效果良好。1978 年，Houghton Lake 市开始将处理过的城市污水排放到天然沼泽地中，其出水再排放到河湖中去。较大的人工湿地处理工程于 1985 年首次出现在匈牙利，面积达 1 800hm^2。

总体来说，人工湿地的应用研究开始于 20 世纪 70 年代，联邦德国于 1974 年首先建造人工湿地以来，该技术在欧洲得到推广使用，在美国和加拿大也迅速得到发展，澳大利亚、荷兰、丹麦、英国、日本等都进行过这方面的研究和应用。目前北美有两万多座、欧洲有一万多座的人工湿地投入污水处理运行。

20 世纪 70 年代的湿地污水处理系统大都利用天然湿地，保持了天然湿地的结构，常被结合到氧化塘处理工艺以提高氧化塘系统的处理效果。80 年代后，湿地发展到人工建造、以不同粒径的砂石为介质的处理系统，并由试验进入应用阶段。国际上曾就人工湿地污水处理系统召开过多次研讨会，总结过各国人工湿地污水处理的经验，提出了一些有关的机理和参考设计规范与数据。

国内对人工湿地处理系统的研究起步较晚，于“七五”期间开始，主要借鉴国外的研究成果，内容主要涉及湿地介质微生物与净化效果的相关性，人工湿地中的水力学特点及对净化效果的影响，湿地系统中 COD、BOD、氨氮、磷、重金属、藻毒素等的去除规律。人工湿地系统植物根区理化性质，微生物和土壤酶的分布状况，净化空间及净化效果。我国人工湿地的研究工作，主要用来处理生活污水和工业污水，有关工艺设计的资料及应用实例尚不多，生产中使用还很少。第一个建成的人工湿地系统是 1987 年天津市环保局建设的一个占地 6hm^2，处理规模 1 400m^3/d 的芦苇湿地工程。下属的 11 个试验单元研究芦苇湿地对城市污水的处理能力，并对水力负荷、有机负荷、停留时间及季节等与污水中主要污染物的去除规律进行探索。结果优于二级处理标准，有较高且稳定的脱氮除磷效果，季节性差异较小。北京昌平进行的自由水面流人工湿地。处理量为 500m³/d 的生活污水和工业污水，占地 2hm²，水力负荷 4.7cm/d，水力停留时间 4.3d，BOD_5 负荷 59kg/（hm²·d）处理水解池出水或原污水。

1990 年，国家环境保护局华南环境科研所与深圳东深供水局在深圳白泥坑兴建人工湿地工程，占地 8 400m²，处理 3 100m³/d 的城镇综合污水。1998 年，山东胶南市建成日处理 6 万 t 人工湿地系统，占地 66.7hm²，工艺为格栅—沉沙池—调节池—人工湿地—排海。此系统利用海边盐碱地，投资 3 000 万元。

人工湿地污水处理技术的应用时间虽然较长，人们掌握了一些该方法的使用技术，但是人工湿地技术目前尚处于不断完善和发展的阶段，仍有很多问题需要各国学者通过不断的研究逐步解决，不断完善。进入 21 世纪以来的十多年，人工湿地污水处理技术的研究和发展主要有以下特点：

（1）将不同类型的人工湿地组合成混合系统以实现更好的处理效果，尤其是脱氮效果；

（2）处理污水中的特殊污染物；

（3）为潜流人工湿地寻找具有更大除磷能力的适宜填料；

（4）研究有助于处理过程的微生物；

（5）各种类型湿地水力学模型和污染物去除模型的研究。

3.2 人工湿地的分类

人工湿地可以按照不同的标准进行分类，但是最主要的三个标准是水流方式，植物生长的类型和布水方式。鉴于不同系统的优势，不同类型的人工湿地可以相互组合使用。

在人工湿地处理污水的过程中植物发挥着重要的作用，植物自身吸收污染物质的同时还是众多微生物群落的载体。根据人工湿地中主要植物形式可将其分为三类：①浮水植物系统；②挺水植物系统；③沉水植物系统。其中沉水植物系统还处于实验室研究阶段，其主要应用领域在于初级处理和二级处理后的深度处理，浮水植物系统则主要用于N、P去除。一般所说的人工湿地都是指挺水植物系统。

从工程使用的角度看，根据系统布水或水流方式的不同和差异，一般分为表面流人工湿地、潜流人工湿地和混合型人工湿地。潜流人工湿地又分为水平潜流人工湿地、垂直潜流人工湿地。

1）表面流人工湿地

经典的表面流人工湿地（free water surface constructed wetlands，FWS CWs）系统一般由水池和沟槽组成，并配有底下隔水层用于防止地下渗漏，主要采用地表径流的水流形式在人工湿地的土壤表层流动，水位一般为0.1～0.6m，且污水的流速比较缓慢（图3-1）。污水在流经表面流人工湿地系统过程中，通过物理（沉降、过滤、紫外线照射）、化学（沉淀、吸附、挥发）和生物（微生物降解、微生物营养转化、植物根部摄取、微生物竞争和细菌衰减）过程得到净化。

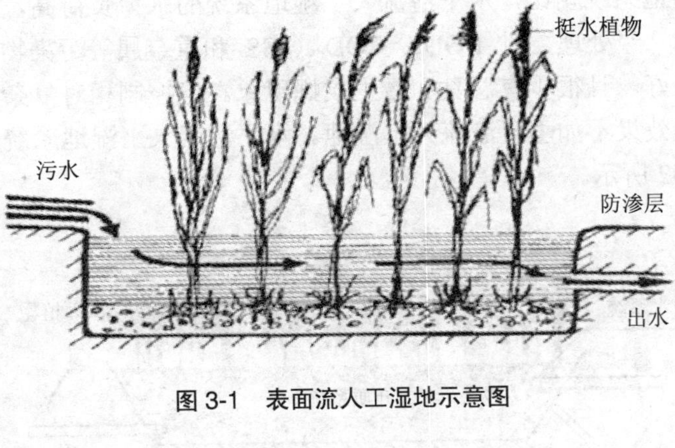

图3-1 表面流人工湿地示意图

表面流人工湿地最常见的用途是生活污水的三级处理，也用于雨水径流和矿井排水的处理，其优点在于投资少、操作简单、运行费用低并且适合各种气候条件，包括遥远的北方，但是冰的形成会减少部分物质的去除率，特别是氮的转化和去除；缺点在于其耐受负荷低，处理能力有限，且炎热季节容易滋生臭味，引发蚊蝇。

2）**水平潜流人工湿地**

潜流人工湿地又称为渗滤湿地系统。在潜流人工湿运行过程中，污水在湿地床的表面下流动，一来充分利用填料表面的生物膜、丰富的植物根系、表面土和填料截留等作用，以提高处理效果和处理能力；另外，由于水流在地表下流动，所以系统抗气候变化能力强，卫生条件相对较好，是当前国际上研究和应用较多的一种湿地处理系统，但该系统的建设费用相对表面流人工湿地系统稍高。

潜流人工湿地由一个或多个填料床组成，床体填充基质，床底设有防渗层，每个填料床通常分为上下两层，上层为土壤，下层是由通水性良好的介质组成的根系层，如粒径较大的砾石、炉渣等，在上层土壤层中种植植物。

水平潜流人工湿地（horizontal subsurface flow constructed wetlands，HF CWs）的水流从进口起在根系层中沿水平方向缓慢流动，出水处设水位调节装置，使得污水尽量和根系接触。与表面流人工湿地系统相比，水平潜流人工湿地系统的水力负荷高，常用于污水的二级处理，对 BOD_5、COD_{Cr}、SS 和重金属等污染物质的去除效果好，且很少有恶臭和滋生蚊蝇现象。但控制相对复杂，脱氮除磷的效果不如垂直潜流人工湿地。水平潜流人工湿地系统示意图如图 3-2 所示。

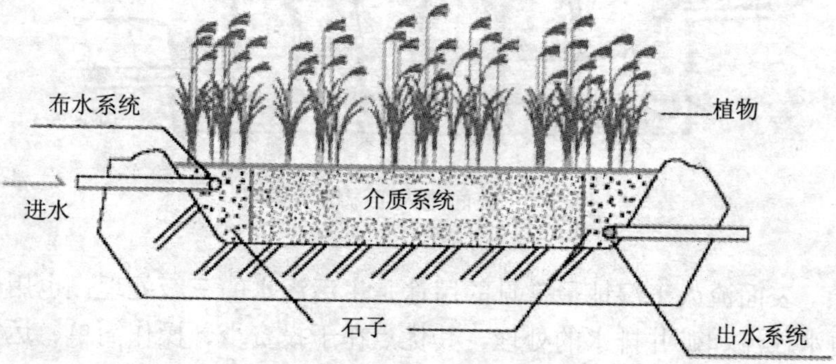

图 3-2 水平潜流人工湿地示意图

3）垂直潜流人工湿地

在垂直潜流人工湿地（vertical subsurface flow constructed wetlands，VF CWs）系统中，其水流方向和根系层呈垂直状态，污水由表面纵向流至床底，在纵向流的过程中污水依次经过不同的介质层，达到净化水质的目的，其出水装置一般设在湿地系统的底部。垂直流潜流人工湿地具有完整的布水系统和集水系统，其优点是占地面积较其他形式湿地小，处理效率高，整个系统可以完全建在地下，地上可以建成绿地和配合景观规划使用。

与水平潜流人工湿地系统相比，这种床体形式的主要作用在于其长期处于不饱和状态，氧可以通过大气扩散和植物传输进入湿地，其硝化能力高于水平潜流人工湿地，可用于处理氨氮含量较高的污水，但处理有机物能力不如水平潜流人工湿地系统。垂直潜流人工湿地系统示意图见图 3-3。

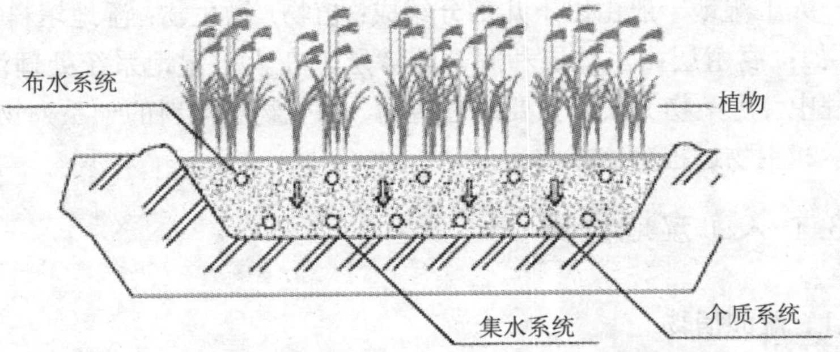

图 3-3 垂直潜流人工湿地示意图

4）混合型人工湿地

不同类型的人工湿地相结合可以提高污染物的去除效率，特别是氮。很多混合型人工湿地（hybrid constructed wetlands）系统都改进自最初的混合湿地系统，它由德国的 Seidel 在克雷菲尔德的麦克斯普朗克研究所设立。该设计包括两个部分，首先几个并列的垂直潜流人工湿地后面串联 2～3 个水平潜流人工湿地。其中垂直潜流人工湿地用于去除有机物和 SS 并且提供产生硝化反应的条件，水平潜流人工湿地则发生反硝化脱氮并且进一步去除有机物和 SS。另一种混合形式为水平—垂直潜流人工湿地系统（HF-VF），首先将较大的水平潜流人工湿地置于前面用于去除有机物和 SS 并且提高反硝化作用，一个较小的垂直潜流人工湿地间歇装载在后面用于进一步去除有机物和 SS 并且将氨氮硝化。然而，为了最大限度地去除 TN，垂直潜流人工湿地系统的硝化出水必须回收到沉淀池。

垂直—水平和水平—潜流人工湿地系统是最常见的混合系统，但总的来说，任何类型的人工湿地都可以通过混合来提高污水的处理效果。

3.3 人工湿地的主要组成及功能

人工湿地一般由以下几部分组成：植物；微生物；湿地填料（基质层）；腐殖层；水体层和底部防渗层。在人工湿地系统处理污水过程中，污染物的去除主要通过植物、微生物和填料的一系列物理、化学和生物过程来完成的。

3.3.1 人工湿地植物

3.3.1.1 湿地植物

人工湿地处理系统与一般生物处理方法不同，大型湿地植物是人工湿地系统的重要组成部分，对污染物的降解与转化具有重要作用。研究表明，不同湿地植物的生长速度、对污染物的吸收转化能力、氧传输能力等存在显著差异，也使填料中生长的微生物种群和数量有所不同，因此，筛选适宜的大型人工湿地植物，对提高和稳定人工湿地的净化能力具有重要的意义。

在人工湿地系统中，大型植物可以直接吸收并且利用污水中可利用的营养物质，吸附和富集重金属及有毒有害物质；能将氧气输送至植物根部，有利于微生物的好氧呼吸；其庞大的根系为细菌提供了多样的生存环境，根部的细菌群落可降解多种污染物；根系生长能够维持并增强介质的水力传导；此外，大型植物还可以作为人工湿地受污染程度的衡量标准，可以固定土壤中的水分，圈定污染区，防止污染源的进一步扩散；并具有美观和可欣赏性，能改善景观生态环境；通过收割还可回收有用的植物资源。

3.3.1.2 湿地植物分类及功能特性

大型水生植物是生态学中的一个类群，是不同类群植物通过长期适应水环境而形成的趋向性适应类型，其主要包括两类：维管类植物和高等藻类。维管类植物具有发达的茎组织，植物个体较大，通常分为挺水植物、浮水植物和沉水植物（表3-1）。

表3-1 几种类型的大型水生植物

植物类型	生长特点	典型代表
挺水植物	茎生于底泥中，植物体上部露出水面	芦苇、香蒲
浮水植物	植物体整体或者叶部漂浮于水面	浮萍、睡莲
沉水植物	植物完全沉于水面以下，根扎于底泥或漂浮于水中	狐尾藻、金鱼藻

1）挺水植物

该类植物种类繁多，植株高大，绝大多数有明显的茎、叶之分。其根、根茎生长在水的底泥之中，茎、叶挺出水面。这类植物在空气中的部分，具有陆生植物的特征；生长在水中的部分（根或地下茎），具有水生植物的特征。常分布于0～1.5m的浅水处，其中有的种类生长于潮湿的岸边，多用于水景设计。常见有：芦苇、蒲草、荸荠、灯心草、水葱、水芹、茭白、香蒲等，其生长条件见表3-2。

表 3-2 几种挺水植物的生长条件

植物名称	适宜温度/℃	适宜 pH	适宜水深/m
茭白	10～20	6～8	0.8～1
水芹	15～20	5～8	0.05～0.2
水葱	15～25	4～9	0.2～0.5
灯心草	15～25	5～7	0.1～0.3
香蒲	10～30	4～10	0.5～0.8
芦苇	10～35	2～8	0.3～0.35

2）浮水植物

该类植物种类繁多，茎细弱不能直立，有些无明显的地上茎，根状茎发达，花朵大而美丽。体内通常储藏大量气体，使叶片或植株能平稳地漂浮于水面，根茎常具有发达的通气组织，如王莲、睡莲等，位于水体较深的地方。也有部分浮水植物的根不生于泥中，直接漂浮于水面，随水流、风浪四处漂泊。多数以观叶为主，如凤眼莲等。浮水植物常用作水面景观。

3）沉水植物

该类植物种类较多，花较小，花期短，以观叶为主。生长于水体偏向中心地带，整个植物沉于水中。没有根或者根系不发达，通气组织特别发达，利于在水下空气非常缺乏的环境中进行气体交换。叶多为狭长或丝状，植株各部分均能吸收水体中的养分。沉水植物在水下弱光条件下也能生长，但对水质有一定的要求，水质会影响其对弱光的利用。

人工湿地系统中植物的选用十分重要，一般偏向于选择当地天然湿地中生存的植物为宜。具体的选择原则为：①对湿地所处环境具有较强的适应性，抗冻、耐热，即使在恶劣环境中也能生存；②对污染物具有较强的吸收处理能力；③对当地的土壤和周围的植物环境要有很好的适应能力，抗病虫害；④所选用植物之间配置要合理，以提高对污水的综合净化能力；⑤应选用易于管理，经济价值高，并可以美化环境。

3.3.1.3 湿地植物在污水处理中的作用

植物是人工湿地的主要组成部分，在人工湿地污水处理工程中发挥着重要的作用：①植物的存在增加了系统和污水的接触面积，有利于悬浮物和病原菌的吸附、去除；②植物的存在减少了污水的流动，有利于悬浮物的沉降；③植物发达的根系使系统不易形成侵蚀沟，稳定了系统，并且植物根系的生长使系统不易被阻塞；④植物具有输送氧气的作用，其根系还具有分泌功能；另外，植物外形美观具有欣赏性，还可以收割回收以达到一定的经济效益；也可作为介质受污染程度的指示物；在冬季，植物的存在可以防止系统结冰，具有一定的保温作用。

1）植物对污水的吸收利用、吸附和富集作用

植物在污水中吸收大量的无机氮、磷等营养物质，供其生长发育。污水中氨氮作为植物生长过程中不可缺少的营养物质被植物直接摄取，合成植物蛋白质和有机氮，再通过植物的收割从污水中去除，污水中其余的大部分氮通过系统中微生物的降解而除去，最后氮在系统中的残留并不明显；污水中无机磷在植物吸收及同化作用下可转化为植物的 ATP、DNA、PNA 等有机成分，然后通过植物的收割而从系统中去除。生根植物直接从沙土中去除氮磷等营养物质，而浮水植物则在水中去除营养物质。进行城镇污水处理试验中发现：种植水烛和灯心草的人工湿地基质中，氮、磷的含量分别比无植物的对照基质中的含量低 18%～28%和 20%～31%，可见水烛和灯心草吸收了污水中部分的氮和磷。窄叶香蒲吸收的氮占进入系统中氮量的 43%，而当采用定期收获植物方式时，由于总生物量的增加使氮吸收量还要增加，高达 46%，在一些垂直流人工湿地中，香蒲对氮的去除能力高达 85%。植物还能吸附、富集一些有毒有害物质，如重金属铅、镉、汞、砷等，其吸收积累能力为：沉水植物＞漂浮植物＞挺水植物，不同部位浓缩作用也不同，一般为：根＞茎＞叶，各器官的累积系数随污水浓度的上升而下降。垂直流人工湿地处理低浓度重金属污水的试验表明，风车草能吸收富集水体中 30%的铜和锰，对锌、镉、铅的富集也在 5%～15%；荠菜根际附着大量的细菌后，能加速硒的富集和挥发；高粱也能利用根际细菌加速硝酸盐、钾和磷酸盐的富集。

大多数植物都可以吸收重金属和中度憎水有机物，并且积累在植物组织内。重金属在一般植物中的积累量为 0.1～100μg/g，但也有一些特殊植物超量积累重金属。植物对污水中重金属的去除作用还表现在植物的产氧作用使根区含氧量增加，促进了污水重金属的氧化和沉降。宽叶香蒲、芦苇、狗牙根等是人工湿地对铅、锌、铜和锡的超积累优势物，污水中汞和硒可通过植物吸收到体内再转化为气态物质释放到大气中。

2）植物的输氧作用

湿地环境对很多生物来说是一种严酷的逆境，最严重的情况是湿地基质缺氧。缺氧条件下，生物不能进行正常的有氧呼吸，还原态的某些元素和有机物的浓度甚至达到有毒的水平。人工湿地中污染物所需的氧主要来自于大气的自然复氧和植物输氧，植物能将经过光合作用产生的氧气通过气道输送到根区，在植物根区的还原态介质中形成氧化态的微环境。输送过程以及氧在湿地中的分布状态如图 3-4 所示（以芦苇床为例），这种输氧作用使根毛周围形成一个好氧区域，其中好氧生物膜对氧的利用使离根毛较远的区域呈现缺氧状态，更远的区域为完全缺氧。这样使得根区有氧区域和缺氧区域共同存在，为根区的好氧、兼性和厌氧微生物提供各自适宜的小生境，使不同的微生物各得其所，发挥相辅相成的作用。这种连续呈现好氧、缺氧、厌氧的状态相当于许多串联或并联的 APAPO 处理单元，这样植物在为湿地系统输送氧的同时，还可以通过硝化、反硝化作用及微生物对磷的过量积累作用使氮、磷从污水中去除。

人工湿地中植物的根毛释放氧气也有助于在好氧条件下湿地中物质的传递和变化（图 3-5）。因此，植物在人工湿地去除氨氮、亚硝酸盐、硝酸盐、磷酸盐、SS 和 BOD_5 等方面直接或间接地发挥重要作用。

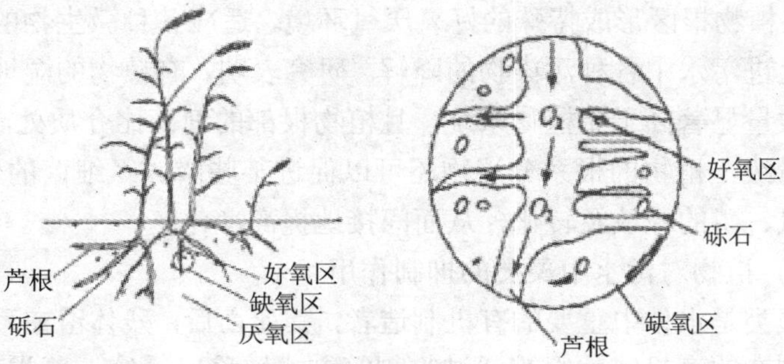

图 3-4 湿地中氧的分布及植物输氧的过程

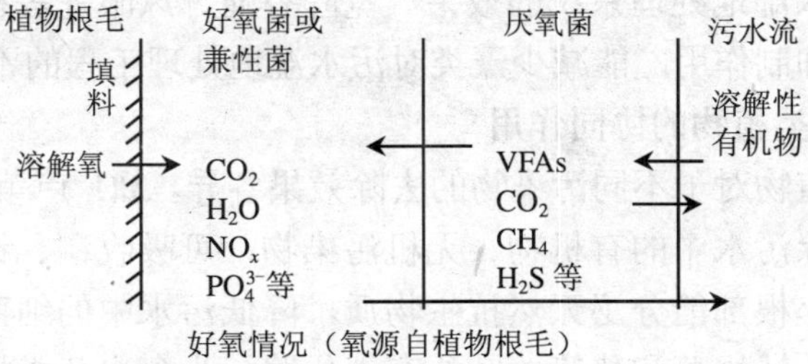

图 3-5 植物根毛释放氧气作用下湿地的植物传递及变化过程

3）植物根系分泌作用

植物向土壤环境中释放大量的分泌物，如糖类、醇类、氨基酸等，其数量占年光合作用产量的 10%～20%。细根的迅速腐解也向土壤中补充了有机碳，这些物质为微生物的生长提供了丰富的营养，促进了微生物的生长，植物的存在使系统中的微生物如硝化细菌、反硝化细菌、磷细菌及纤维素分解菌的数量显著增加。微生物是系统中有机物分解的主要“执行者”，把有机物作为丰富的能源，将其转化为营养物质和能源。因此，植物的存在间接加快了有机物的分解速度，植物根系释放到土壤中的酶可以直接降解有机化合物。

芦苇、香蒲等水生植物有发达的通气组织，向植物根际输送氧气，在植物根区形成特殊的好氧厌氧环境，适应各种微生物的生长，间接促进污水中各种污染物的降解。研究表明，有植物的湿地系统，细菌数量显著高于无植物系统，且植物根部的细菌比介质处高1～2个数量级，植物的根系分泌物还可以促进某些磷、氮细菌的生长，促进氮、磷的释放及转化，从而间接地提高净化率。

4）植物对污水中藻类的抑制作用

藻类是水体中重要的有机制造者，其死亡后，残体留在系统中，藻类制造的有机物就很难通过收割等方式转移出系统。藻类自身吸收的氮、磷等元素又重新回到系统中，这样，藻类就缩短了氮、磷等元素的循环周期，严重地破坏了水体生态系统的平衡和稳定，直接影响污水湿地处理系统的效果。宽叶香蒲、凤眼莲等植物对藻类有较好的抑制作用，能减少藻类对污水湿地处理工程的不利影响。

5）各类植物的协同作用

不同植物对于不同污染物的去除效果各异，如：芦苇可分解酚，香蒲能去除污水中的有机物、无机污染物，可吸收铜、钴、镍、锰及氯化烃，根部能分泌天然抗生物质，降低污水中的细菌浓度，去除病原体；捕蝇草和猪笼草叶边有消化腺，为食虫草类植物；大米草可以吸收污水中80%～90%的氮、磷；芦苇和香蒲能絮凝胶体，消除病原体，其空心茎有利于空气输送到根部，为微生物提供额外的氧。单一植物的净化能力总是有限的，应选择各物种的合理搭配，发挥各类植物的协调作用。如芦苇通气组织较发达，具有较强的输氧能力，而茭白生长量大，具有较强的吸收氮、磷的能力，芦苇、茭白两种植物混种对污水处理的效果好于种植单一植物。目前，全球发现的湿地高等植物多达6 000多种，但已被实际利用于污水湿地处理工程的不过几十种，绝大多数植物还没使用过。因此，发挥植物的协同作用的潜在空间还很大。

6）植物维持系统稳定的作用

维持人工湿地系统稳定运行的首要条件是保证湿地系统水力传输，植物在这方面起着重要的作用。植物根及根系对介质具有穿透作用，从而在介质中形成了许多微小的气室或间隙，减小了介质的封闭性，增强了介质的疏松度，使得介质的水力传输得到加强和维持，有研究者进行的人工湿地处理污水的试验中发现，经过 3～5 个月的污水处理后不同植物的对照土壤介质板结，发生淤积，而种有水烛和灯心草的人工湿地渗透性能好，污水能很快地渗入介质。

据报道，即使较板结的土壤，在 2～5 年内，经过植物根系的穿透作用，其水力传输能力仍可与沙砾、碎石相当。植物的生长能加快天然土壤的水力传输，且当植物成熟时，根区系统的水容量增大，当植物的根和根系腐烂时，剩下许多的空隙和通道，也有利于土壤的水力传输。

3.3.2 人工湿地微生物

人工湿地系统的水生环境为微生物的繁殖和生长提供了良好的环境条件。这些微生物主要包括细菌和真菌，其在人工湿地处理系统对污染物的吸附和降解过程中起着核心作用，对不同污水中的化学组分具有同化、转化和循环作用。微生物总是污水处理的先行者，并对污水的复杂组分进行分解。微生物首先接近污水中的溶解成分，并直接吸收和转化溶解性组分。了解人工湿地中的微生物，有利于更好地认识人工湿地去除污染物的过程。

3.3.2.1 人工湿地微生物的主要种类

在自然界中，C、N、P 等元素的循环都必须有微生物的参与。微生物对整个生态系统具有非常重要的影响，它不仅是自然界的分解者，而且是食物链中的初级生产者，同时，在自然界的元素转化中也是一个不可或缺的成员。

湿地系统内的生物极其丰富，为污水处理提供了足够的劳动者，主要有细菌、真菌、藻类和原生动物等。其中微生物主要包括细菌、放线菌和真菌等。

细菌是湿地微生物中数量最多的一个类群，组成种类也十分复杂。每克基质中所含的细菌数量可达数十亿，占微生物总数量的 80% 左右，其干重约占基质有机物的 1%。细菌在污水净化过程中起到巨大作用，它能使复杂的含氮有机物转化为可供植物和其他微生物利用的无机氮化合物。细菌又可分为好氧菌、厌氧菌、兼性厌氧菌、硝化细菌、反硝化细菌等种类。有研究表明人工湿地系统中的优势微生物组成与天然湿地相比基本相同。

真菌是参与基质中有机物分解过程的主要成员之一，具有强大的酶系统，能促进纤维素、木质素和果胶等的分解，并能将蛋白质最终分解释放出氮。

放线菌在基质中的分布也很广泛，每克基质中由数十万之多，其数量仅次于细菌，是基质中不含氮和含氮有机物分解的重要力量，能比真菌更强烈地分解氨基酸等含氮物质，还能形成抗生物质，维持湿地生态群落的动态平衡。

原生动物摄食一些微生物和碎屑，起到调节微生物群落的动态平衡和清洁水体的作用。它们共同协作，构成了互利共生的有机系统，共同完成对污水净化的任务。

3.3.2.2 人工湿地微生物的分布特点

人工湿地中各种微生物的分布状况受外界环境影响较大。湿地系统中沿着垂直方向不同深度处的微生物数量就有所差异，通常上层微生物的数量远远大于下层。这是由湿地这一特殊生态系统内各层的性质决定的，由于湿地上层接触空气，可以更多地利用氧气；同时，湿地上层的植物根系也最为发达，根系输氧能力也最强，所以很适合微生物的生长繁殖；但是随着湿地深度的增加，其氧含量和营养物质越来越少，故导致微生物数量急剧减少，出现明显的分层分布。

季节的变化对细菌、真菌和放线菌在各土层的分布也存在一定的影响。在不同月份，细菌在各土层的分布均大于真菌和放线菌。水生植物吸附微生物的数量在不同季节变化也很大，一般来说，春季微生物数量较少，夏季则有所增加，秋季达到最高，冬季微生物数量又有所下降。而有研究发现，在冬季，虽然湿地植物的地上部分要枯萎，但湿地中各类微生物的数量仍可保持在较高的水平，不过好氧微生物和兼性厌氧微生物数量相比有所减少（表 3-3）。

表 3-3 芦苇人工湿地不同时期微生物的数量

微生物种类	夏季	冬季	夏季	冬季
	根面（cfu/g 干根）×10^5		根际土（cfu/g 干土）×10^5	
真菌	0.7～1.5	0.67～0.75	0.5～1.2	0.54～0.58
放线菌	19～24	6～27	12～27	2～12
兼性厌氧菌	14～26	4～69	230～350	3～43
原生动物	3.5～8.9	4～15	1.7～4.2	0.02～2.3
硝化菌	6～13	0.2～0.72	0.2～3.9	0.53～2.1
反硝化菌	11～99	14～57	180～200	17～65
总计	4 900～5 400	1 500～4 400	2 100～3 600	570～2 600

还有研究发现，秋季和夏季湿地植物根区微生物数量变化显著。芦苇、茭白和香蒲与对照系统相比，秋季的细菌总数明显高于夏季；但对照系统夏季的真菌和放线菌数量明显高于秋季。至于真菌和放线菌，芦苇等试验系统夏、秋季的差距不大，说明湿地系统在秋季有较好的净化效果。

人工湿地微生物在植物的不同根区分布也有所区别。人工湿地内存在明显的好氧菌和厌氧菌群落，在植物的根茎上，好氧微生物占优势，而在湿地植物的根系区，既有好氧微生物也有兼性厌氧微生物的活动，各种微生物在根际土和根面的分布如表 3-4 所示。

表 3-4 芦苇人工湿地不同区域微生物的数量

微生物种类	根面（cfu/g 干根）×10^5	根际土（cfu/g 干土）×10^5
真菌	0.67～1.7	0.54～1.4
放线菌	5.9～30	1.7～27
兼性厌氧菌	3.6～69	2.6～470
原生动物	0.035～22	0.028～4.9
硝化菌	0.2～13	0.053～3.9
反硝化菌	11～99	17～200
总计	1 500～5 400	570～3 600

选用不同植物的湿地系统，其植物根区微生物的数量分布也呈现显著差异，其相应的湿地净化效果也不相同。不同植物根部微生物数量差异的原因为物理、化学和生物因素综合作用的结果。根区微生物的数量多少与各种植物根部的特征有关，如根部环境适合微生物的生长，则根部微生物的数量将高些；相反，则数量较少。

物理因素包括湿地内溶解氧的含量和湿地填料的物理特性。不同湿地植物由于根系氧的传输能力不同，湿地内的溶解氧含量也不相同。同种植物的新生根系的氧气传输速率更快，根尖部位的氧气扩散速率最大，氧气活性最强，越接近根茎部，根的氧气扩散速率越慢。另外，湿地填料的差异对湿地微生物的数量影响也很大。化学因素包括湿地其他微生物或植物释放敏感化学物质对微生物分布的影响。生物因素包括抗生素、噬菌体和湿地原生动物对微生物的捕食和寄生。

3.3.2.3 人工湿地微生物对污染物的去除作用

目前已有的研究表明，人工湿地净化污水过程中微生物是关键的因素，在 BOD_5、COD_{Cr}、TN 等降解过程中，湿地微生物发挥了重要作用。

人工湿地系统中微生物的生命活动是污水中有机物降解的主要机制，是污水中有机物和含氮化合物脱氮的主要承担着。有资料显示，70%左右的氮通过微生物的硝化和反硝化完成。高等植物虽然可以通过土壤中分泌胞外酶降解有机物，但一般不具备直接降解有机物的能力，因此，BOD_5 的去除主要是由微生物完成的，微生物对磷的去除也有一定的作用。这些微生物主要指的是根部微生物，它们聚集于根际土壤，以根际分泌物为主要营养和能源物质。根际微生物不仅种类和数量远远高于非根际微生物，而且其代谢活动也比非根际微生物高。

一般情况下植物根系将氧气输送至根部，形成了根表面的氧化状态，污水中大部分有机物在这一区域被好氧微生物分解成水和

CO_2，氨则被这一区域的硝化细菌硝化。离根表面越远的区域，氧气浓度逐渐降低，硝化作用仍然存在，但主要是靠反硝化细菌来将污染物降解的，并使氮素物质以氮气的形式释放到大气中。在根部的还原状态区域，则是通过厌氧细菌的发酵，将有机物分解成 CO_2 和甲烷，并进入大气。由于人工湿地存在着这样的氧化区、兼性区、厌氧区和还原区，通过不同区域微生物的相互合作，将有机物及含氮化合物等去除。

污水中的有机磷和溶解性较差的无机磷酸盐都不能直接被湿地植物吸收利用，必须经过磷细菌的代谢活动，将有机磷化合物转化成磷酸盐，将溶解性差的磷化合物完全溶解才能被湿地植物或填料吸附利用，从而通过湿地植物的收割或者填料的吸附而将磷从污水中去除。有研究表明，虽然磷的去除与湿地微生物的数量不存在显著相关性，但微生物在磷循环过程中还是发挥了很重要的作用。总的来说，微生物的作用主要是对有机磷化物进行分解，产生无机磷化物，从而通过植物和部分微生物的吸收利用及湿地填料的吸附达到有效去除磷的目的。

有研究表明，人工湿地芦苇床系统中各类微生物的数量与污水中 BOD_5、COD_{Cr} 的去除率均有较明显的相关性，数量越高则去除率越高。其中 BOD_5 的去除率与湿地细菌总量显著相关，说明微生物对 BOD_5、COD_{Cr} 具有良好的去除能力；氨氮的去除率与硝化细菌和反硝化细菌的数量密切相关，说明硝化与反硝化作用是湿地系统主要的除氮方式；污水中总大肠杆菌的去除率与湿地原生动物和放线菌数量也存在显著相关性。这也说明，湿地微生物在污染物降解中起着十分重要的作用。污水中磷的去除与湿地各种微生物均不具有明显的相关性，说明湿地系统中磷降解并非微生物起主导作用，而是植物和填料等的物理化学作用完成的。很显然，人工湿地微生物的代谢活动是污水中有机物降解的关键因子，污水中的有机污染物主要通过人工湿地微生物的代谢活动最终降解成水和 CO_2 等无害物质。

3.3.3 人工湿地填料

填料又称基质，传统的人工湿地填料主要包括土壤、沙、砾石等，近年来包括沸石、石灰石、页岩、塑料、陶瓷等具有优秀性能的材料也被作为人工湿地基质进行研究和应用。填料除了作为湿地的骨架和为微生物提供附着表面外，其吸附和离子交换等功能，也在人工湿地的污水净化过程中起到重要的作用。不同的填料对不同污染物的吸附能力和微生物的附着性能都有所差异。

3.3.3.1 人工湿地填料的种类

当前，无论是在试验研究还是工程应用中，使用最多的填料是沙石、砾石、陶粒及半软性填料和弹性填料等。其中，陶粒填料由于存在滤池易堵塞及池体基建费用高等缺点，虽然处理效果较好，但实际应用很少；弹性填料虽然处理效果不如陶粒，但是弹性填料生物接触氧化工艺具有池型简单、方便更换等优点，实际应用更多。

悬浮填料是近些年来开发出来的一种用于生物接触氧化工艺的新型填料。当微生物在填料表面生长时，填料在水中保持悬浮状，使微生物具有良好的传质条件，得到充分的溶解氧进行生物反应。悬浮填料的比表面积通常较大，附着在填料上的微生物数量大，种类多，形成的菌落密度是一般活性污泥法的数倍，使其对污染物的处理能力得到了有效的提高。

在我国悬浮填料的研究还处于起步阶段，且多用于污水处理，美国等发达国家的一些污水处理厂成功地利用悬浮填料来提高 BOD_5、COD_{Cr} 的去除率。在人工湿地处理系统中氮、磷的去除，尤其是磷，主要是通过填料的吸附等物理化学过程来完成的，而悬浮填料对污染物的吸附作用有限，因此，悬浮填料对于含磷浓度高的污水处理效果不如陶粒填料。

目前，国内外众多学者对研究开发人工湿地填料倾注了大量心血。美国学者 Sibrell 用酸矿排水污泥制备人工湿地填料处理农业污水，该填料可以在 5min 之内去除污水中 90%的磷；英国学者 Bowden

等以及美国学者 Drizo 等，将锅炉钢渣用作填料物质去除污水中的磷，均取得了非常好的效果；爱沙尼亚的 Kaasik 和 Liira 等利用矿物材料水合油页岩作为人工湿地填料用于处理污水，利用矿物材料的特殊结构和成分对污水中的有机物、氮和磷等污染物进行吸附、沉淀等处理，取得了良好的效果。还有很多矿物材料以及废弃物质被研究用于开发新的人工湿地填料，但由于技术所限，目前大多处于试验研究阶段，在众多科学工作者的不断努力下，相信会有更多高效人工湿地填料可以得到规模应用。

3.3.3.2 人工湿地填料的选择

不同填料对污水中不同污染物的去除能力不同，应针对不同的污染物类型选用不同的填料。例如对于大肠杆菌、BOD_5 和颗粒悬浮含量高的污水，可选用泥炭作为填料；对于重金属含量高的污水或染料污水，最好选用膨润土作为填料；而对于磷含量比较高的富营养化水体，可选用炉渣、页岩为填料；粉煤灰能有效地去除污水中多种污染物（如重金属、BOD_5、有机污染物等），可用于净化城市污水、印染污水、重金属污水、含油污水、酸性污水以及含氟污水等。

填料的选择应遵循材料的易得、高效、价廉及安全无毒等原则。设计人工湿地时，选择填料应首先筛选对污染物去除能力强的当地材料，这样既能提高人工湿地对污水的净化能力和减少成本投入，又能延长人工湿地的使用寿命。另外，由于不同填料的渗透系数存在比较大的差异，应根据不同的人工湿地设计而选用不同的填料，如对于表面流人工湿地，可选择土壤作为填料，而潜流和垂直流人工湿地对填料的渗透系数要求比较高，应选用沙子、炉渣或二者与土壤的混合物等作为人工湿地的填料为宜。

湿地填料粒径的分布对湿地中的孔隙体积和水流模式有决定性作用，分层铺设的填料每层应力求均匀，如果大小颗粒掺杂会减小填料孔隙率，影响水流分布，改变水力学状态，影响填料的渗透性能，进而影响去除效果。粒径较大的填料可以有效防止堵塞的发生，但粒径过大会缩短水力停留时间，影响净化效果，所以需要在保证净化效果和防止堵塞二者之间选择一个最佳平衡点，多层填料的垂直流人工湿地还应考虑不同粒径填料的配比问题。

单一填料可能效果有限，考虑到填料的易得性和成本等，特别是各种填料之间存在着互补效应，将除磷效果好和除氮效果好的填料组合在一起，能大大提高人工湿地处理污水的能力；一些填料之间还存在着协同效应，两种或几种填料组合在一起，比单个应用时脱氮除磷的效果更好。

3.3.3.3 人工湿地填料对污染物的去除

1）对磷的去除

填料对磷的去除作用包括吸收和过滤等物理化学作用。当污水流经人工湿地时，填料通过物理和化学过程（如吸附、过滤、离子交换、络合反应等）去除污水中的氮、磷等污染物。人工湿地填料对磷的去除包括物理去除和化学沉淀去除两大过程，物理去除是指吸附在悬浮颗粒物上的固体磷经湿地表层填料的过滤拦截而沉积的过程，化学去除主要发生在填料中，并被认为是湿地除磷的主要机理。化学作用对无机磷的去除与湿地填料类型密切相关。填料的pH、氧化还原电位、可溶性铁、铝和锰及其氧化物、有效性钙和钙的化合物及有机质是影响湿地除磷的重要因素，其中又主要取决于填料的pH。在pH为7的情况下，土壤中引起磷吸附和沉淀的主要元素是铁和铝，pH较高时引起磷吸附沉淀的主要元素是钙。在处理含磷浓度高的污水时，应着重选择钙、铁等矿质元素含量高且比表面积较大的填料。

湿地填料除磷在受其本身化学特性和pH的影响外，还受到污水磷负荷、温度、溶解氧、竞争性离子、水力条件、运行方式等的影响。研究表明，在达到吸附磷沉淀平衡之前，高浓度的含磷污水能导致磷的去除，而低浓度的进水则导致填料中磷的释放。填料对污水中磷的吸附作用到一定程度会达到饱和，可以依据填料中磷的平衡浓度来判断系统是否该休整及填料是否该更换。在选用填料时，应该选择低水力抗性，具较低平衡浓度，较高最大吸附量和磷保持能力的填料。同时也可以根据填料的最大吸附量来估算填料的使用期限。

选择合适的填料可以在很大程度上去除磷。有研究表明，花岗石和黏性土壤为主要介质的人工湿地对污水中磷的去除率达 90%以上；用粉煤灰与芦苇构建的垂直流模拟人工湿地对化粪池出水的TP去除率为 79.1%～89.7%；用煤灰渣人工土壤和风车草组成的垂直流人工湿地系统对化粪池出水中总磷和无机磷的去除率分别达到 75%～92%和 73%～92%，同时研究得出，垂直流煤灰渣人工湿地系统对磷的去除作用主要有物理作用、化学吸附与沉淀作用和微生物同化作用以及植物摄取等作用，它们对化粪池出水中总磷的去除率分别为 22.8%、50%～65%和 1%～3%。

2）对氮的去除

在人工湿地系统中，对氮的去除起主要作用的是微生物的硝化和反硝化作用，填料的选择起着不可忽视的作用。选择比表面积较大的填料有利于生物膜的生长，进而影响氮的去除。

通常认为填料对氨氮的吸附是快速可逆的，但合理地选择搭配填料可以促进氮的去除效果。有学者利用沸石吸附氨氮的能力强的特点对暴雨径流、农田排灌水的人工湿地处理系统进行研究，结果表明沸石能快速吸附氮，而且条件适宜时可通过生物作用和自然充氧等作用促进沸石吸附能力的再生。另有研究发现，沸石芦苇床在水力负荷 $0.6m^3/(m^2 \cdot d)$ 的情况下，系统对各种形态的氮都有较好的去除能力，沸石对氨氮的吸附、离子交换作用是除氮的主要途径；在同样的进水水质和水力负荷下，沸石床在除氮方面明显优于砾石床。利用改性天然沸石处理富营养化水体的试验结果表明，天然沸石对氨氮的去除最大可达 82%。当潜流式人工湿地底部铺设炉渣层填料时，其硝化能力明显高于土壤层，炉渣层在氨氮转化中起主要作用。

湿地填料所有理化性状都可能影响到它对污水的除氮效果，其中最重要的影响因子之一是氧化还原电位，它反映湿地填料发生氧化还原反应的能力大小，还会通过影响植物或微生物生长代谢过程来间接影响到湿地的除氮效率。湿地填料的含水率对系统的除氮效率也具有一定的影响，湿地运行时填料通常处于饱水状态，有利于反硝化作用的进行。孔隙率大的填料使得污水比较容易地渗透到其中，从而除氮的各种机理可以在填料内部发生而提高系统对氮的去除效率。此外，填料的类型、渗透率、胶体、pH、黏性及各种络合、螯合剂的存在，都会影响到人工湿地的除氮效率。湿地中的砂石填料具有类似于活性炭的吸附作用，也会对湿地的除氮效率产生一定的影响。

3.3.3.4 人工湿地填料堵塞的机理和影响因素

人工湿地系统在处理污水过程中类似于一种生态过滤器。它对流经的污水进行过滤，将污染物质作为“滤渣”截留在湿地滤床中，随着“滤渣”的不断累积，与其他过滤装置一样，人工湿地也要面对滤器即填料堵塞的问题。湿地中堵塞的形成是由固体物沉淀和生物活动综合形成的结果。影响人工湿地填料堵塞的因素主要有以下几方面。

1）填料粒径

过滤材料粒径大小直接影响填料的空隙大小和水容量，因此是影响人工湿地是否发生堵塞的重要影响因素。有研究显示，在某湿地系统的运行过程中发生多次堵塞后，将粒径更大的填料用于同样的湿地系统，结果系统运行正常。

2）悬浮物

人工湿地进水中的悬浮物尤其是不可生物降解性的悬浮物负荷是影响湿地堵塞的重要因素，因此必须对人工湿地的进水进行预处理，以降低进水中的悬浮物。有学者推荐进水中悬浮物的最大值为20mg/L，负荷相当于 8g/（$m^2 \cdot d$）。有湿地系统采用 11g/（$m^2 \cdot d$）的进水悬浮物负荷，系统运行 5 年未出现堵塞现象。

3）有机负荷

普遍认为有机物负荷对基质堵塞有重大影响。有研究发现，堵塞一般发生在基质上层 0～15cm 处，有机负荷过高是堵塞的主要影响因素，并且在湿地基质的堵塞中有机负荷的影响比进水有机物浓度的影响更大，在中欧的气候条件下，湿地基质不发生堵塞的有机物（COD_{Cr}）负荷上限是 25g/（m^2·d）。但也有研究表明，堵塞只与达到平衡状态前的有机物负荷有关，利用人工湿地对地下水回灌的试验表明，有机物负荷 BOD_5 可达 40g/（m^2·d）。由于污水中连续的营养供应，系统内产生的生物量不断增加也是造成堵塞的一个因素；厌氧条件也加速了系统的堵塞。

4）植物和微生物

通常情况下，湿地中累积的有机物总量要超过进水所带入的有机物总量。首先，在含营养物质丰富的湿地系统中，微生物大量繁殖所形成的颗粒状有机物是系统中有机物累计总量的一部分；其次，植物地上部分衰弱后的残留物、根系及根系分泌物都有助于系统中有机物累积量的增加。由于污水中连续的营养物质供应，系统内生物量的产生也是造成堵塞的一个因素。微生物可能将少量分解缓慢和难分解的化合物稍作转变就直接转化成稳定的腐殖质成分，而且生物量的体积对系统堵塞的影响要比其干重大。为了维持湿地的功能，生物量的产生速率和矿化速度必须达到一个平衡状态。

5）温度

温度对土壤堵塞具有双重影响。一方面，较高的温度导致了高的生物活性和较高的生长速率，但同时由于微生物的快速增长，填充了填料的孔隙，从而引发基质堵塞；另一方面，较低温度抑制了生物活性，代谢速度慢，致使有机固体颗粒在填料中的大量累积和滤料中厌氧程度的加剧，也易引发湿地堵塞。

3.3.3.5 人工湿地填料堵塞的缓解措施

造成人工湿地填料堵塞的因素很多，针对造成湿地堵塞的不同原因可以在湿地设计与运行中分别采取相应的避免堵塞措施。在人工湿地系统的实际运行过程中常用的具体措施有：

1）水样预处理

当垂直流人工湿地用来治理含较多不易降解的 SS 时，堵塞容易发生。因此可通过污水的预处理，减少进水中难降解的 SS 来防止堵塞的发生。人工湿地系统适合于中、低浓度有机污水的处理和综合利用，尤其适合污水二级处理出水的深度处理，对较高浓度有机污水需强化预处理工艺。一般常用的预处理工艺为格栅—沉砂—沉淀。对于高浓度的有机污水可以对污水进行厌氧消化处理，如化粪池、沼气池等。这样做既可以去除和截留 SS，避免床体堵塞，又可以达到降解有机物，提高污水可生化性，减轻湿地系统处理负荷，实现出水水质稳定的处理效果。

2）选择合适的填料粒径与级配

基质粒径分布对空隙大小和水容量有决定性的影响，它是影响基质堵塞的主要因素。粒径较大的基质可以有效地防止堵塞的发生，但过大的粒径会缩短水力停留时间，进而影响净化效果，因此，基质粒径的选择需要在保证净化效果（小粒径）和防止堵塞（大粒径）之间寻求平衡点。对于有多层填料的人工湿地，除填料粒径，不同粒径填料之间配比的选择也十分重要。

这类措施需要在净化效果和防堵塞两者之间寻找一个最佳平衡点，平衡点的寻找通常是通过大量的试验来完成，但实际工程往往和试验效果有较大偏差，因此可操作性较差，且摸索的工作量也很大。

3）选择合适的进水方式

有研究表明间歇进水方式有利于滤床保持好氧状态，从而加快有机物的生物降解，因此促使滤床保持好氧状态可以减缓填料堵塞。有学者采用了进水时间仅持续 6～10min 的间歇进水方式，缩短了填料的淹水时间，有利于湿地填料间歇复氧，有效地避免了填料堵塞现象的发生。为了使湿地达到更好的处理效果同时又为了防止填料堵塞，另有学者也采取间歇进水方式，为污水提供足够的停留时间，使污水充分与生长在填料上的微生物接触，污水全部通过填料之后才开始下一周期进水。大部分研究报道间歇进水可减缓人工湿地填料堵塞，个别学者通过试验得出了截然相反的结论，发现间歇进水将会导致填料更快地堵塞。

这类措施可以有效地防止湿地的堵塞，但间歇进水会降低湿地的日处理量，从而在处理同量污水的前提下会增加湿地的占地面积，引起投资费用的增加。

4）更换湿地表层填料

人工湿地系统中积累的有机物主要集中在表层，而堵塞也主要发生在湿地表层。有学者认为，垂直流人工湿地中有机物含量随深度增加呈逐渐减少的趋势。还有研究发现，在填料堵塞发生之前，上层基质的最小含水量呈指数增加，并最终达到完全饱和状态；而下层基质的最大含水量呈下降趋势，这是由于上层基质中水的渗透速率不够所造成的，说明基质的堵塞主要发生在上层。因此，更换表层填料的方法可以有效地恢复人工湿地的功能，缺点是对大规模的湿地而言工程量太大。

5）科学合理的管理

一般来说，人工湿地应该每半年综合检查一次，日常的维护主要包括拔除杂草、清除死的植物以及清洗管道等。有研究报道在系统运转 1 年以后，填料表面有许多植物落叶，研究发现清理系统填料表面有助于改善系统的水力传导性。污水预处理池必须定期进行维护并且必须每年清淤一次以确保有效地去除原水中的沉淀物和漂浮物。因此需根据来水水质的变化及时调整湿地进水量以防止湿地超负荷运行是很有必要的。

3.3.4 人工湿地其他组成

在人工湿地处理污水过程中，植物、微生物和填料发挥着重要作用，在湿地系统中水体层、腐殖层和底部防渗层也起着关键作用，它们为系统运转提供了保障。其中水体层在其流动过程中为系统中的植物、微生物和原生动物等提供了栖息场所和生长的必需条件；腐殖层中的主要物质是湿地植物的残肢和微生物及小动物的遗体等，成熟的人工湿地有着致密的腐殖层，参与到人工湿地系统内复杂的物理、化学和生物反应中。

在人工湿地系统处理污水过程中，由于污水中难免会含有部分易污染土壤和地下水的有害物质，因此防渗层在人工湿地设计和建设过程中十分重要。防渗层就是为了防止污水渗透而铺设的一层透水性差或者不透水的物质。如果建设现场的土壤能提供充足的防渗能力（渗透率＜10^{-7}cm/s），那么这种土壤压实后作为湿地的衬里已经足够。通常情况下，采用天然形式做防渗处理是不够的，一般采用天然和人工防渗相结合的方式。人工防渗材料多来源于化学合成。

3.4 人工湿地的处理原理

人工湿地净化污水的原理十分复杂，目前还缺少较为深入的研究。现有研究认为湿地净化污水是利用基质、微生物和植物复合生态系统的物理、化学和生物的三重协调作用，通过过滤、吸附、沉淀、离子交换、植物吸收和微生物分解来实现对污水的高效净化。同时，通过营养物质和水分的生物地球化学循环，促进绿色植物生长并使其增产，实现污水的资源化和无害化。

成熟的人工湿地，其填料表面吸附了许多微生物形成的大量生物膜，植物根系广布于池中，当污水流经人工湿地时，污水中的悬浮物（包括不溶性有机物）被填充料及植物根系阻挡截留而沉淀在基质中，通过微生物的同化吸收和异化分解得以去除。污水中的许多污染物还可以通过植物根系和微生物分泌的一些物质发生离子交换、离子吸附、化学沉淀等化学反应得以去除。德国学者 R. Kickuth 的根区法理论认为，生长在湿地中的挺水植物通过叶吸收和茎干的运输作用，将空气中的氧运到根部，再经过植物的根部表面组织扩散。这样，使根系周围的微环境依次呈现好氧、缺氧及厌氧状态，十分有利于硝化、反硝化作用及微生物对磷的过量积累作用从污水中得以去除，最后通过湿地基质的定期更换或收割使污染物质最终从系统中去除。

1）悬浮固体物的去除机理

污水中悬浮固体主要是在重力作用下发生沉积，在基质、植物的根、茎、叶的吸附截留以及土壤的过滤作用下去除。

2）有机物的去除机理

湿地对有机物的去除主要是靠微生物的作用。土壤具有巨大的比表面积，在土壤颗粒表面形成一层生物膜，污水流经颗粒表面时，不溶性的有机物通过沉淀过滤吸附作用很快被截留，然后被微小生物利用；可溶性有机物通过生物膜的吸附和微生物的代谢被去除。植物向土壤中传输氧气，使得人工湿地中的溶解氧呈区域性变化，连续呈现好氧、缺氧及厌氧区域。因而土壤中存活着好氧菌、厌氧菌和兼性菌。好氧菌通过代谢将有机物分解为 CO_2 和水；厌氧菌发酵将有机物分解为 CO_2 和甲烷。污水中的大部分有机物最终被异养微生物转化为微生物体、CO_2、甲烷和水、无机氮、无机磷。

3）氮的去除机理

人工湿地除氮的途径主要包括植物的吸收、氨的挥发和介质的吸附以及微生物的反硝化脱氮。污水中的氮基本以有机氮和氨氮两种形式存在。有机氮在微生物作用下被分解为氨氮。污水中无机氮的去除，主要的去除途径还是通过微生物的氨化、硝化和反硝化作用来完成的。如前所述，人工湿地中连续呈现好氧、缺氧及厌氧区域，相当于许多串联或并联 A/O 处理单元，使硝化和反硝化作用可以同时进行。在这样的土壤环境中，氨氮被亚硝化菌转化为亚硝态氮，亚硝态氮又被硝化菌氧化成硝态氮，最后反硝化菌又把硝态氮转化为氮气，最终从污水中去除。植物是人工湿地系统的重要组成部分，其中一部分氮可以被湿地中的植物吸收通过收割得以去除。

4）磷的去除机理

污水中磷的去除是通过植物的吸收、微生物的积累及湿地床的物理化学等几方面共同作用完成的。污水中的溶解性的磷可被植物直接吸收，通过植物的收割从湿地系统中去除，但植物的吸收作用只占很少的一部分，缪绅裕等在研究中发现，加入系统中的磷主要存留在土壤中，留存于植物体和凋落叶中的很少。磷的另一去除途径是通过微生物的作用，一方面磷为微生物正常代谢所需要被微生物正常同化吸收，另一方面是通过聚磷菌的过量摄磷作用使磷去除的。还有磷被介质（土壤或填料）通过吸附或离子交换作用而得以去除。在这几种作用中介质的吸附是主要的，通过对湿地床的定期更换而将其从系统中去除。

5）硫的去除机理

人工湿地对硫的去除是靠微生物的分解及植物的吸收以及在基质及植物根系表面发生的化学反应。有机硫化物经矿质化被分解成硫化氢，部分硫化氢挥发逸出湿地，部分则通过硫黄细菌和硫化细菌的硫化作用形成硫黄、硫酸，它们与土壤中的各种离子结合形成无机硫化物，无机硫化物部分会被植物吸收利用，也有一部分在反硫化细菌的作用下经反硫化作用形成硫化氢。硫化氢再逸出湿地或又参与硫化作用。

6）重金属的去除机理

人工湿地对重金属也有很强的去除能力，湿地对重金属的去除主要是土壤或填料对重金属的吸附和沉淀，吸附有离子交换吸附和专性吸附。污水中重金属离子浓度一般很低，不能与土壤中无机阴离子形成金属沉淀，它可以与土壤中的有机质络合，增强重金属对土壤的亲和性。土壤中微生物对重金属的去除也有相当的作用，它们可通过胞外络合作用、胞外沉淀作用固定重金属，还可把重金属转化为低毒状态，也有的转化为毒性更强的物质。另外还有植物对重金属的积累，重金属以各种形态存在，其中溶解性的可被植物吸收在植物中积累，茎以上部分可随植物的收割最终从湿地中去除，不溶性的可被介质的过滤作用截留。还有大片密集的植株以及它们发达的地下部分形成的高活性根区网络系统和浸水凋落物，使进入湿地的污水流速减慢，这样有利于污水中悬浮颗粒的沉降及吸附于水中重金属的去除。但植物对重金属的积累是有一定限度的，黄淦泉等人研究发现，高浓度的重金属污水不应直接进入湿地系统。另外，收割的植物若不能得到适当处理，易造成二次污染。

3.5 人工湿地的优缺点

人工湿地系统相对于传统的污水处理工艺有很多优点，当然也有许多不足之处。

3.5.1 人工湿地的主要优点

1）投资少，建设和运营成本低廉

国内外实践表明，人工湿地处理污水的建设和运营成本低廉，并且易于维护。研究数据显示，建设成本（吨污水投资）和运营成本（吨污水处理费）约为传统污水处理厂成本的 1/10～1/5，从而能够节省大量的资金，并且易于维护，经济效益显著。

2）污水处理具有高效性

人工湿地处理污水的效果优于传统的处理工艺。在进水浓度较低的情况下，一般 BOD_5 的去除率为 85%～95%，COD_{Cr} 去除率可达 80%以上，处理出水中 BOD_5 的质量浓度约为 10mg/L、SS 质量浓度小于 20mg/L，对 N 的去除率可达 60%，对 P 的去除率可达 90%以上，对农药类、细菌总数等去除率在 90%以上，对重金属如 Fe、Cu、Pb、Zn、Cd 和 Mn 等的去除率也很高，大都在 90%以上。需要提到的是，由于湿地类型、基质和植物的选取、气候、污染物浓度等方面的差异，污染物的去除率具有一定的波动范围。1993 年，Bastian 等总结了北美人工湿地污染物去除率的波动范围，如有机物去除率在 50%～90%波动，悬浮物去除率在 40%～94%波动，氮的去除率在 30%～90%波动等。

3）独特的环境和景观功能

人工湿地同自然湿地一样，由于栽种有大量的水生植物，所以对环境起到了绿化作用。尤其在城市中，成规模的人工湿地不但迅速增加了绿地面积、消除城市热岛效应，还扩展了野生生物生存空间，进而为人们提供了一个优美、新型的生态景观。还可直接和间接创造效益，如水产、畜产、造纸原料、建材、原生动物栖息、娱乐和教育。

4）抗冲击能力强

可缓冲对水力和污染负荷的冲击，处理方式灵活。

3.5.2 人工湿地存在的主要问题

1）应用实例少

鉴于目前国内对人工湿地这项技术的研究应用尚处于起步阶段，有关工艺设计资料和应用实例还不多见，有待结合我国不同地区的具体情况，深入开展研究工作，取得适合于不同地区、不同环境气候条件及不同污水特性的实用数据，以促进其在我国适当地区的推广应用。

2）水力负荷小，占地面积大

人工湿地是在自然湿地的基础上发展起来的，其净化机理的实质主要还是基于土壤对污染物的自然净化功能。由于土壤自身对污染物的降解能力差，水力负荷低，使得人工湿地需要较多的土地面积，这就制约了它的发展，尤其是在土地资源紧缺的地区。所以能否提高人工湿地的水力负荷是影响人工湿地未来发展的关键所在。

3）堵塞问题

人工湿地在实际工程中运行一段时间后往往会发生堵塞现象，它不仅影响到湿地系统的水力负荷，也会影响湿地系统的寿命，使系统丧失功能。所以弄清堵塞的原因，延缓系统的堵塞是湿地系统发展必须解决的问题。

4）冬季运行问题

气温的降低会影响人工湿地的正常运行，使污染物的去除率降低，因此，在冬季湿地需要覆盖隔离这样的保温措施；或增加人工湿地的构筑深度来达到保温的效果，这是人工湿地在北方地区运行所必须要解决的问题。

5）达到完全稳定运行需时长

人工湿地系统在达到其最优效率时，需 2～3 个生长周期。因为据已有数据，当上下表面植物密度增大时，处理效率提高。所以需建成几年后才达到完全稳定运行。这是目前人工湿地技术最大问题。

3.6 人工湿地的设计、建设和运行管理

3.6.1 场地选择

人工湿地场地的选择需要考虑以下几方面因素：

（1）应符合当地村镇总体发展规划和环保规划的要求，符合当地水污染防治、水资源保护和自然生态保护的要求，还应综合考虑交通、土地权属、土地利用现状等因素。

（2）应考虑自然背景条件，包括土地面积、地形地貌、土壤、气象、水文以及动植物生态因素等，并进行工程地质、水文地质等方面的勘察。

（3）宜选择自然坡度为 0%～3%的洼地或塘，以及经济价值不高的荒地。

（4）应不受洪水、潮水或内涝的威胁。

（5）与居民住宅的距离应符合卫生防护距离的要求，并应通过环境影响评价和环境风险评价的认定。

3.6.2 平面布置

人工湿地污水处理工程应充分利用自然环境的有利条件，按预处理设施和人工湿地的功能和流程要求，考虑人工湿地在工程所在区域中的景观作用及其出水再利用规划，并结合地形、风向、地质条件和卫生防护距离等因素，合理安排，紧凑布置。

厂区内生产管理建筑物和生活设施宜集中布置，其位置和朝向应力求合理，并与处理构筑物保持一定距离。厂区的绿化应结合当地的自然条件选择适宜的植物，绿化覆盖率应符合当地城市规定要求。厂区的高程布置应充分利用原有地形，符合排水通畅、降低能耗、平衡土方的要求；水流宜采用重力流布置，减少污水提升动力消耗。

应考虑人工湿地植物的高度与工程各单元的景观协调。人工湿地污水处理工程的景观建设应遵循和谐、自然、均衡的原则，综合

考虑人工湿地轮廓与不同类型人工湿地搭配、水生植物配置、人工湿地水体景观设计、人工湿地沿岸辅助设施营建等。

3.6.3 工程工艺及人工湿地设计

1）人工湿地污水处理工程的工艺流程设计

应综合考虑处理水量、原水水质、建设投资、运行成本、排放标准及稳定性等因素。预处理程度根据具体水质情况与污水处理技术政策，选择一级处理、强化一级处理和二级处理等适宜工艺，其设计必须符合 GB 50014—2006 中的有关规定。预处理设施宜采用悬浮物去除效果较好、投资和运行费用较低的工艺。采用人工湿地工艺时，应根据不同地区的气候条件、植被类型和地理条件，经充分研究后加以确定，有条件的可通过实验取得相关数据后确定。人工湿地可由单一或多个类型的人工湿地组成，根据处理规模的需要，既可采取分级串联，也可采取同级并联或更复杂的组合方式。人工湿地的工艺设计应对污染源控制、污水处理以及污水资源化利用等环节进行综合考虑，统筹设计，并通过技术经济比较后确定适宜的方案。

2）人工湿地水力、有机负荷设计

人工湿地应按 BOD_5 表面有机负荷确定湿地面积，同时应满足水力负荷要求。设计中进水水量必须考虑各种特殊情况，如暴雨、洪水、干旱等。同时，人工湿地应具备 10%～20%的超负荷能力，污水进入量应可调节。人工湿地应以污水入流量及出流量的平均流量作为设计水量，各种人工湿地有机负荷设计参数可按表 3-5 选取。

表 3-5 人工湿地有机负荷设计参数

类 型	进水 BOD_5 质量浓度/（mg/L）	BOD_5 负荷/[kg/（hm^2 • d)]	处理效率/%
表面流人工湿地	0～50	15～50	0～40
潜流人工湿地	0～100	80～120	40～80
垂直潜流人工湿地	0～100	80～120	40～80

污水经预处理设施后进入人工湿地，进水水质最好满足 $BOD_5/COD_{Cr}>0.3$ 的要求，人工湿地的水力负荷范围可按表 3-6，其具体参数根据预处理程度、水量选取。

表 3-6　人工湿地水力负荷设计参数

类型	水力负荷[$m^3/(hm^2 \cdot d)$]
表面流人工湿地	0～1 000
潜流人工湿地	150～5 000
垂直潜流人工湿地	300～10 000

3）人工湿地几何尺寸设计

潜流人工湿地设计中如采用多个人工湿地单元时，独立单元面积不宜大于 800m^2。表面流人工湿地的单元长宽比宜控制在 3∶1 以上，潜流人工湿地的单元长宽比宜控制在 3∶1 以下。对于长宽比小于 1 或不规则的潜流人工湿地，应考虑人工湿地均匀布水和集水的问题。规则的潜流人工湿地单元的长度宜为 20～50m。不规则人工湿地的设计，应考虑尽量减少死角的问题。潜流人工湿地的深度应大于植物根系所能达到的最深处，保证人工湿地单元中植物的生长及必须的好氧条件。通常以植物根系深度考虑人工湿地水深的初步设计值。在设计暴雨径流湿地时，还应考虑雨季的超高水位，此时淹没的最大深度应保证大部分植物能够生存并发挥其功能。表面流人工湿地的水深宜控制在 0.3～0.5m，潜流人工湿地水深宜控制在 0.4～1.6m。对于潜流人工湿地，水位控制应满足如下要求：人工湿地接纳最大设计流量时，其进水端不能出现涌水现象，防止发生表面流；人工湿地单元中水面浸没植物根系的深度应尽可能均匀。

4）人工湿地水力参数设计

表面流人工湿地的底坡取值不宜大于 0.5%，潜流人工湿地的底坡宜为 0.5%～1%，具体应根据所采用的基质来确定。表面流人工湿地的总水力停留时间宜为 4～8d，潜流人工湿地的水力停留时间宜为 2～4d。

5）**人工湿地单元布局与分区设计**

人工湿地总面积和构造形式确定后，应考虑与场所的边界和轮廓相适应，尽量减少土方搬运量和人工湿地单元之间的运输量，合理布设人工湿地单元。确定人工湿地单元数目时，应考虑到运行的稳定性、易维护性和地形的特征。

6）**人工湿地进水、出水设计**

人工湿地进水系统的设计应保证配水的均匀性。表面流人工湿地的进水系统可采用一个末端开口的管道、渠道或带有闸门的管道。潜流人工湿地的进水系统可采用铺设在地面和地下的多头导管、与水流方向垂直的敞开沟渠以及简单的单点溢流装置。人工湿地的进水流量可通过阀或闸板调节，过多的流量或紧急变化时应有溢流、分流措施。潜流人工湿地出水系统的设计可采用沟排、管排、井排等方式，设计时必须考虑受纳水体的特点、人工湿地的布置及场地的原有条件。对严寒地区，进、出水管的设置必须考虑防冻措施，并在潜流人工湿地单元的进出水管上设置阀门，底部设放空阀。人工湿地出水量较大且跌落较高时，应设消能设施。人工湿地植物选择与种植要求人工湿地植物的选择，应根据其耐污性、生长能力、根系的发达程度以及经济与美学价值等因素，同时宜采用当地品种，保证对当地气候的适应性。人工湿地的设计中，应尽可能增加植物的多样性、提高对污水的处理性能、延长使用寿命。人工湿地种植土壤的质地宜为黏土—壤土，土壤厚度为 20～40cm，渗透系数为 0.025～0.35cm/h。可就近采用当地的表层种植土，如当地原土不适宜人工湿地植物生长时，则需进行置换。人工湿地可选择的挺水植物有芦苇、茭白、水葱、菖蒲、香蒲、灯心草等，浮水植物有凤眼莲、浮萍、睡莲等，沉水植物有伊乐藻、茨藻、金鱼藻、黑藻等。人工湿地可选择一种或几种植物作为优势种搭配栽种，并根据环境条件和植物群落的特征，按一定比例在空间分布和时间分布方面进行安排，达到生态系统高效运转，稳定可持续利用的要求。人工湿地植物的栽种/移植可包括根幼苗移植、种子繁殖、收割植物的移植以及盆栽移植等。人工湿地种植植物的最佳时间是春季或初夏，夏末或初秋种植也可。若要在种植的第一年启动人工湿地，可在生长季节结束前或霜冻期来临前 3～4 个月进行种植。人工湿地植物的插植密度不得小于 3 株/m²，潜流人工湿地植物的种植密度宜为 9～25 株/m²。

7）人工湿地防堵塞设计

人工湿地防堵塞设计时，应综合考虑污水的悬浮物浓度、有机负荷、投配方式、基质粒径、植物、微生物、运行周期等因素。可采用以下方法降低堵塞的概率：可采用厌氧水解酸化作为预处理设施，提高污水的可生化性；可对污水进行预曝气，提高人工湿地基质中的溶解氧，更好地发挥微生物的分解作用，防止土壤中胞外聚合物的蓄积；选择合适的基质粒径及级配，基质粒径及级配的选择应在保证净化效果和防止堵塞两者之间选择一个平衡点；设计潜流人工湿地时，应考虑单元堵塞问题，应设置清淤装置。

8）工程计量设计

人工湿地污水处理工程的污水、污泥的计量宜考虑水头损失小、精度高、操作简单、便于管理，不宜沉积杂物的装置，一般可采用电磁流量计、超声波流量计、巴氏流量槽等。人工湿地应在入水处和出水处安装计量装置，流量计量方式宜根据输水设施而定。

9）工程消毒要求

人工湿地污水处理工程的消毒设施和有关建筑物的设计，应符合 GB 50013—2006 中的有关规定。在特殊情况下，如传染病暴发或对病菌有较高出水要求时，应对出水进行消毒处理。消毒要求应符合 GB 50014—2006 中的有关规定。

10）工程突发事故应急措施

人工湿地污水处理工程进水水质超标时，应减少进水水量，将总污染负荷控制在设计范围内。预处理设施和人工湿地都应设置溢流系统。水量超过处理能力时，预处理设施和人工湿地的溢流系统可单独使用，也可同时使用。突发暴雨时，暴雨的水量如在工程处理能力与溢流系统的水量控制范围内，则可以正常运行；暴雨的水量如在工程处理能力和溢流系统的水量控制范围之外，则工程正常处理能力和溢流系统的水量之外的过量雨水应通过分流措施排走。人工湿地污水处理工程需要备用发电机，在突然停电时使用。如没有备用发电机，须手动关闭总进水阀门，开启分流阀门。人工湿地单元发生故障时，应关闭故障人工湿地单元，增加非故障人工湿地单元的进水量。如遇到整个人工湿地不能运行时，应通过人工湿地的分流措施将污水排出。

11）工程二次污染物控制措施

一般规定人工湿地污水处理工程运行过程中，产生的恶臭、噪声、污泥及残渣等污染物的防治，应符合国家现行的环境保护法规和标准中的有关规定。制订人工湿地污水处理工程的二次污染物治理措施前应落实污染源的特性和产生量。在预处理设施的恶臭产生位置应设置恶臭收集设备并进行集中除臭处理。大型和特大型规模的人工湿地污水处理工程的预处理设施构筑物宜采取全密闭收集措施。人工湿地产生的恶臭气体可利用人工湿地植物及绿化植物吸收处理。人工湿地污水处理工程的恶臭气体排放浓度应符合 GB 16554 中的有关规定。噪声和振动防治应采取隔声、消声、绿化等降低噪声的措施，厂界噪声应达到 GB 12348 中的有关规定。设备间、鼓风机房等机械设备的噪声和振动控制的设计应符合 GB 50040—96 和 GBJ 87 的规定。污泥处理与处置，预处理设施产生的污泥处理与处置设计应符合 GB 50014—2006 中的有关规定。潜流人工湿地内部产生的污泥可定期采用清淤设施排至预处理设施处。

3.6.4 运行与管理

为加强人工湿地污水处理工程的设备管理、工艺管理和水质管理，保证污水处理厂安全运行，制订有关运行管理要求。人工湿地污水处理工程的运行应符合 CJJ 60 中的有关规定，同时还应符合国家现行有关标准的规定。运行条件：必须具有经过培训的技术人员、管理人员和相应数量的操作人员；具有完备的保障污水安全处理的规章制度；具有保障人工湿地污水处理工程正常运行的周转资金和辅助原料；具有负责污水处理效果监测、评价工作的机构和人员；机构设置与劳动定岗、定员；人工湿地污水处理工程运营机构的设置应以精简高效、安全生产、提高劳动生产率为原则，做到分工合理、职责分明；人工湿地污水处理工程的劳动定员可分为生产人员、辅助生产人员和管理人员。管理人员应包括技术人员和安全管理人员；人工湿地污水处理工程的劳动定员应按定岗定量的原则合理确定。

人工湿地污水处理工程的操作人员、技术人员及管理人员应进行相关法律法规、专业技术、安全防护、应急处理等理论知识和操作技能的培训。人工湿地污水处理工程应建立生产设施运行状况、设施维护等的登记制度。各岗位的操作人员应按时做好运行记录，数据应准确无误。为保证人工湿地污水处理工程生产活动安全有序进行，必须建立严格的交接班制度。人工湿地的启动需经历两个阶段：系统调试、植物复活、根系发展的不稳定阶段以及植物生长成熟、处理效果良好的稳定成熟阶段。潜流人工湿地在启动阶段，芦苇等植物栽种后即需要充水。初期可将水位控制在地面下 25mm 左右处。按设计流量运行三个月后，将水位降低至距床底 0.2m 处，以促进芦苇等植物根系向深部发展。待根系深入到床底后，再将水位调节至地表下 0.2m 处开始正常运行。应加强植物管理，保证人工湿地水生植物的密度及良性生长。植物系统建立后，必须由污水连续提供养分和水，保证植物多年的生长和繁殖。应避免植物在高浓度毒性物质的作用下受损害。应对死亡植物及时补种，保证植物的处理能力。秋季应考虑周期性收割枯死植物和去除表面枯枝落叶。杂草的控制可采取调节水位和人工拔除的方式，既要保证高效植株的生长优势，又要适当保持杂草的生长，维系生态系统的平衡。人工湿地设计、建造时，应考虑引进有益生物和控制有害生物之间的生态平衡。野生生物的控制应因地制宜，综合考虑地理位置、污染物种类、人工湿地设计和管理要求等各种因素。人工湿地必须对蚊蝇加以控制。充足的食蚊鱼数量可控制蚊蝇。在北方气候食蚊鱼很少生存下，可通过化学或生物药剂进行控制蚊蝇。除草剂、杀虫剂的使用可改变人工湿地的生态功能，对出水水质不利，不宜在人工湿地中使用除草剂、杀虫剂。应定期清理湿地内部沉积物。北方低温环境运行措施：应适时收割人工湿地植物的地上部分，改善冬季人工湿地的出水水质；人工湿地植物的收割时间宜选择在秋末初冬植物枯萎后。应先降低人工湿地内的水位，待表土干燥后再进行收割，避免工人操作时破坏湿地土壤。冬季应做好人工湿地的保温措施。定期做人工湿地冻土深度测试，掌握人工湿地的运行状况。冬季可考虑强化预处理以减轻人工湿地污染负荷。

人工湿地运行防止堵塞措施：启动清淤系统，定期清淤。间歇运行。人工湿地间歇运行和适当的湿地干化期，保证基质一定的好氧状态，避免胞外聚合物的过度积累，防止基质堵塞；对污水进行曝气；更换人工湿地局部的基质，这种方法可以有效地恢复人工湿地的功能。

3.7 工程实例

自人工湿地被成功应用于污水处理以来，该技术在世界范围内得到了越来越广泛的研究和应用。欧美已经建立了成百上千个湿地处理系统，国内应用人工湿地的地域和范围也在逐渐增多，下面介绍几个典型的人工湿地处理系统的基本情况。

1）美国马里兰州 Emmitsburg 人工湿地工程

这个工程设计为单独的人工湿地滤床，长、宽、深分别为 76m、9m、0.9m，其中 0.6m 深为砾石填充。底部铺有黏土用于防止地下水渗漏。底部附近装置穿孔管用于进水、布水和出水收集。运行时的水面通常在砾石面层下 5cm。上层种植的挺水植物为香蒲。该处理系统工程造价少于 3.5 万美元。

该系统的进水为慢滤池出水。进水量为 95～130m^3/d，表面水力负荷为 1 420～1 870m^3/（hm^2·d）。出水的分析项目包括：BOD_5、SS、COD、DO 和 pH 等。进水 BOD_5 质量浓度为 10～180mg/L，而 SS 质量浓度一般为 10～60mg/L。虽然植物覆盖率有限，系统运行结果仍较好，具体的运行情况如表 3-7 所示。

表 3-7 Emmitsburg 湿地运行情况

时间/年·月	平均流量/(m^3/d)	BOD_5/（mg/L）		SS/（mg/L）		DO/(mg/L)	植物覆盖率/%
		进水	出水	进水	出水		
1984.9	117	29	12	25	7	1.0	0～5
1984.12	111	68	29	37	9	0.3	0～10
1985.3	130	117	38	37	13	0	0～20
1985.6	100	87	11	28	10	1.3	0～25
1985.9	97	28	7	29	7	2.1	0～30
1985.12	106	40	11	25	4	—	0～35

2）美国密歇根州 Vermontville 人工湿地工程

Vermontville 位于美国密歇根州某市西南 40km，是一个农业社区。20 世纪 70 年代，Vermontville 为缓解污水处理压力，同时考虑物理-化学污水处理厂运行费用太高，以及当地特点决定采用自然处理法，选择了氧化塘-人工湿地处理技术，最终处理效果良好，为人们所接受。

该生活污水处理系统由占地 4.4hm^2 的两座氧化塘和占地 4.6hm^2 的四座表面流人工湿地构成（图 3-6）。湿地填料为含淤沙的黏土。运行近 20 年后，湿地内长满了湿地植物，其中香蒲居多。该系统设计处理能力为 380m^3/d，试用期为 20 年，但实际处理量一般为处理能力的 3/4，目前仍在使用当中，预计还能应用较长一段时间。

当时在设计阶段的目标是处理系统可以通过收割植物和土壤截留达到除磷目的。每周布水 10cm 高度，维持几个小时，然后通过渗透达到处理目的。氧化塘 1 可以分别向湿地 1 和湿地 2 排水，氧化塘 2 可分别向湿地 3 和湿地 4 排水。氧化塘出水靠重力排向各个湿地，湿地中水位高于 15cm，将自动流入下一个湿地。处理的水一般都会通过渗透进入地下，部分从湿地 4 溢流，进入用作灌溉和工业用水水源的河流。具体的排水水质情况见表 3-8。

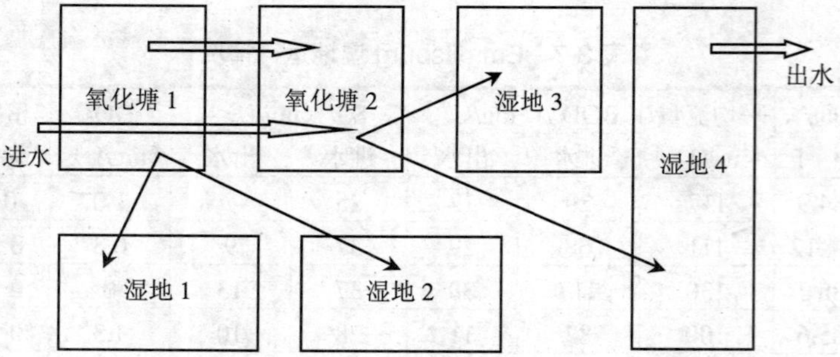

图 3-6 Vermontville 污水处理系统

表 3-8 Vermontville 污水处理系统排水水质

参数	时间	日最小量/（mg/L）	日最大量/（mg/L）	30 日平均值/（mg/L）	7 日平均值
BOD_5	4.15～4.30	—	25	17	10kg/d
	5.1～9.30		10	5	3.77kg/d
	10.1～10.31		16	11	6.04kg/d
TSS	4.15～4.30	—	—	20	30mg/L
	5.1～10.31			30	45mg/L
NH_4^+-N	4.15～4.30	—	—	7	—
	5.1～9.30			2.2	
	10.1～10.31			5	
TP	全年	—	—	1	—
DO	4.15～4.30	5	—	—	—
	5.1～9.30	6			
	10.1～10.31	5			
pH	全年	6.5	9	—	—

通过对湿地地面以下 3～7.6m 深度范围内取样发现，在湿地和地下水之间，TP 去除率超过 97%，但大部分去除是发生在上层 0.9m 深度内，平均去除率大约 95%。湿地水中的 NO_3^--N 浓度比氧化塘出水高 60%，表明湿地中好氧菌在发挥作用。而沉积层处于厌氧状

态，沉积层表层 NO_3^--N 反硝化率约为 60%。

Vermontville 湿地处理系统很少需要进行维护，出于美观原因每年对周边进行 3～4 次除草。只是堤坝需要防止侵蚀，尤其是防止动物的破坏。由于植物残体的常年累积，多年来在湿地表面沉积了约 10cm 厚的有机沉积物。Vermontville 湿地处理系统建设在 1992 年花费为 39.5 万美元，每公顷大约 10 万美元，其中大部分是平整土地的费用。在湿地处理系统相关的运行维护费用非常低，大约每年 4 200 美元，其中 80%为劳务费。

3）美国加利福尼亚州 Gustine 人工湿地工程

Gustine 位于加利福尼亚州中心山谷区的东侧，施托克顿以南约 97km，是一个农业区。该地区要处理近 4 500m³/d 的污水，1/3 来自于生活及商业区排水，剩余的来自于三个乳制品厂，加重了该地区生活污水处理的有机负荷。原来的污水处理是一个氧化塘，共有 14 个串联单元（HRT 约 56d，平均水深 1.22m，如图 3-7 所示），最后出水直接排放到溪流中。这个氧化塘处理系统出水 BOD_5 和 SS 均远远超出排放标准，需要对氧化塘出水做进一步的处理。在经过当地有关部门的分析认为，人工湿地是最经济有效的方法，其目标是提高出水水质，以达到 BOD_5 和 SS 均达到 30mg/L（30d 平均）以下的标准。

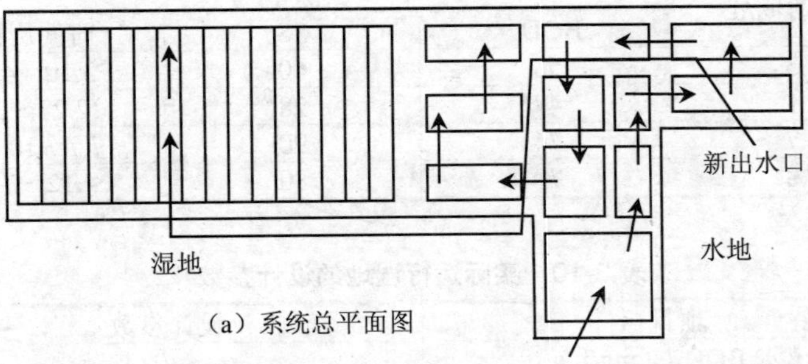

（a）系统总平面图

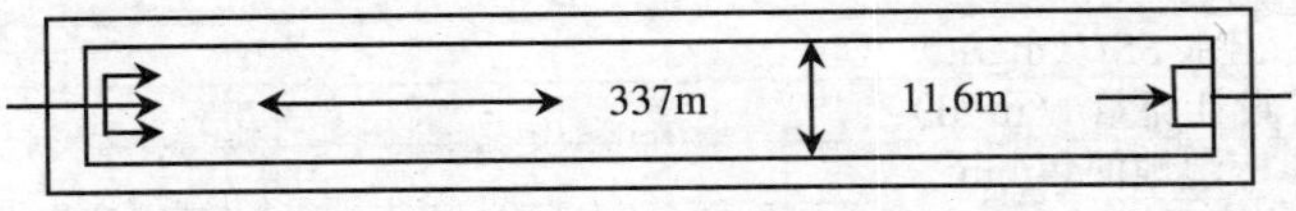

（b）典型湿地单元平面图

图 3-7 湿地系统结构示意图

由于当时还没有适当的表流人工湿地设计标准，所以首先建立了 0.4hm^2 的实验性湿地，种有香蒲，进行为期一年的试验。湿地长 270m，宽 15m。湿地周围构筑物为土坝，污水用塑料管引入湿地，在湿地进水口用水管布水。在较低的一端收集出水，并以普通排放口排放。建立的有效处理深度为 0.15～0.3m。试验研究的两个影响因素变量是进水水质和停留时间。湿地中水深保持不变，停留时间随流量而变，流量为 130～380m^3/d，实际停留时间为 1.3～3.8d，表面水力负荷为 340～1 000m^3/（hm^2·d）。湿地中停留时间对 BOD_5 和 SS 去除效率的影响如表 3-9 所示。

研究显示，较低的冬季气温将要求控制系统尺寸，因为低气温降低了生化性能，要求长停留时间以满足 BOD_5 的去除。预期的最低气温出现在 1 月和 2 月，大约 5℃。研究结果表明，在这一温度下，BOD_5 的负荷为 112kg/（hm^2·d）时所需最长停留时间为 11d，设计流量为 3 785m^3/d，约 9.3hm^2 的湿地需 0.45m 的水深，对应的水力负荷为 407m^3/（hm^2·d），在温暖的夏季停留时间将缩短为 4d。随后，依据试验结果建立运行湿地，设计参数如表 3-10 所示。

表 3-9　停留时间对湿地处理效果的影响

停留时间/d	去除率/%		
	BOD_5	SS	时间历程
1.3	50	60	3.10～4.4
2.1	48	28	12.23～3.9
2.7	74	90	7.7～10.13
3.8	70	80	4.12～7.6

表 3-10　实际运行湿地的设计参数

项目	设计参数
出水 BOD_5/（mg/L）	30
出水 SS/（mg/L）	30
设计流量/（m^3/d）	3 785
湿地面积/hm^2	9.7
水力负荷/[m^3/（hm^2·d）]	380
水深/m	0.1～0.45
停留时间/d	4～11

在已建的 14 个氧化塘单元中选 3 个作为湿地系统的处理单元，加上附近的一些土地，改造成 24 个平行的湿地单元。每个单元的面积约为 $0.4hm^2$，长 337m，宽 11.6m（图 3-7）。污水可以由后面的七个氧化塘中的任一个引入湿地，这种运行方式可使运行者将氧化塘的停留时间控制在 28～54d，以满足预处理要求。氧化塘出水被布水系统分为六段，每段被引入四个一组的湿地单元。通过改变单元水深或个数来改变停留时间，这样便于管理，这种运行方式可以在每年夏天将各单元轮流运行，以便进行系统维护。Gustine 湿地系统造价如表 3-11 所示。

表 3-11　Gustine 湿地系统造价

项目	造价/万美元
氧化塘出水管道	19.2
土建	20
布水系统	1.6
湿地内布水管道	20.5
湿地水面控制结构	2.7
湿地出水收集管道	8.3
植物	6.9
路面铺设	9
总计	88.2

4）深圳白泥坑人工湿地工程

白泥坑人工湿地污水处理系统是我国第一座实用型人工湿地污水处理装置，其位于深圳宝安白泥坑村南 500m 处，该工程占地 8 $400m^2$，由八个潜流湿地和三个氧化塘构成，处理量 3 $100m^3/d$，1990 年开始运行。设计进水的 BOD_5 最高为 100mg/L，SS 最高为 150mg/L，两者出水质量浓度均要求在 30mg/L 以下，达城市污水二级排放标准。其工艺流程如图 3-8 所示。

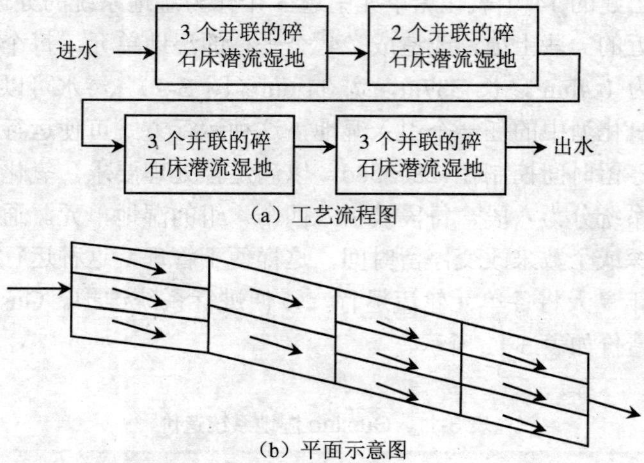

图 3-8 湿地系统结构示意图

在该处理系统中，一级潜流人工湿地由 3 个平行单元组成，设计水力负荷 2.05m³/（m²·d），深 0.8m，面积 1 512m²。污水由管道直接进入湿地的进水区。二级潜流湿地由 2 个平行单元组成，面积 1 739m²，深 1m，接受一级潜流湿地出水。三级处理设施为 3 个面积相同的氧化塘，接受二级潜流湿地出水，面积 1 710m²，深 1.5m。四级潜流人工湿地由 3 个平行单元组成，设计水力负荷 1.007m³/（m²·d），面积 2 850m²，深 1m，接受氧化塘出水。各单元的设计参数如表 3-12 所示。

表 3-12 白泥坑人工湿地设计参数

项目	单元数	长/m	宽/m	碎石粒径/cm	碎石层厚/cm	池底坡度/%	水力负荷/[m³/（m²·d）]
一级	3	42	11～12.5	1～5	40	1，1.5，2.0	2.05
二级	2	47	18.5	1～3	50	2.0，3.0	1.78
三级	3	30	19	—	—	—	1.81
四级	3	54	19	0.5～1	60	0.5，1.0，1.0	1.007

白泥坑人工湿地处理系统在我国属于首列，各塘的底坡、碎石粒径和尺寸均有区别。在塘内分别种植芦苇、席草和大米草等水生植物，以便选取各塘底坡、碎石粒径和尺寸的最优数据，筛选最佳作物。在该系统的运行初期取样周期为一周，稳定运行后为每月取样，检测结果表明该系统对污水的处理效果良好，较为可靠。部分监测结果如表3-13所示。

该处理系统投资省，总基建投资费用约为238万元，年运行费用约8万元，年水质监测费用约2.8万元。运行能耗低，运转和维护费用很低。

表3-13　白泥坑人工湿地处理效果

时间（月）	BOD_5/（mg/L，%）		COD_{Cr}/（mg/L，%）		SS/（mg/L，%）		水量/（m^3/d）
	进水	去除率	进水	去除率	进水	去除率	
1	59.3	89	126.5	70	154.2	97	3 000
2	66.9	91	131.5	68	96.7	93	3 100
3	59.1	93	132.5	73	96.7	70	4 200
4	58.7	88	121.6	68	67.8	87	3 600
5	61.5	94	107.3	74	157.1	94	3 800
6	69.7	90	141.9	71	54.0	72	3 500
7	47.5	88	115.0	74	78.8	72	4 000
8	106.3	90	180.4	75	91.1	97	4 200
9	94.5	88	160.6	65	95.0	92	4 500
10	88.6	90	182.3	72	112.8	83	4 500
均值	71.2	90	140.0	71	99.4	88	3 840

第4章　土地处理技术

污水土地处理是在人工调控下利用土壤—微生物—植物组成的生态系统，进行一系列物理、化学、物理化学和生物化学的净化过程，使污水中的污染物得到净化的处理方法。当前在污水土地处理系统方面常用的有慢速渗滤处理系统、快速渗滤处理系统、地表漫流处理系统、湿地处理系统和污水地下渗滤处理系统等。

4.1 污水土地处理的概念和发展历史

4.1.1 污水土地处理的概念

污水土地处理系统可以定义为：利用土壤、微生物和植物系统的陆地生态系统的自我调控机制和对污染物的综合净化功能处理城市污水及一些工业污水，使水质得到不同程度的改善，实现污水资源化与无害化的常年性生态系统工程，是生态学基本原理在水资源领域的具体运用。

污水土地处理系统作为生物-化学工厂，处理机理十分复杂，是利用土壤以及其中的微生物和植物对污染物进行综合净化，使有机物转化为无机物，有毒物质变成无毒物质并被生物吸收，这一过程包含了物理过滤、物理吸附、物理沉积、物理化学吸附、化学反应和化学沉淀、金属螯合、有机物重组及降解等作用（图4-1）。

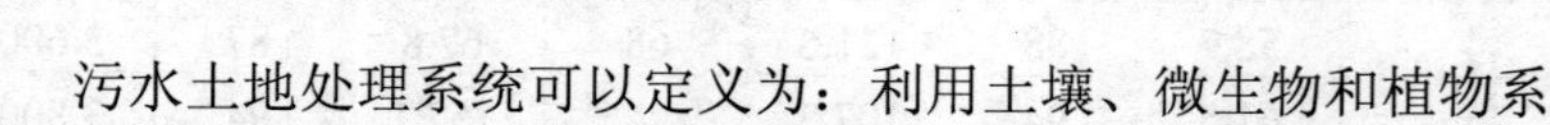

图4-1　土地处理工艺流程图

4.1.2 污水土地处理的产生和发展

污水土地处理系统源于污水灌溉，据记载，早在几百年以前，瑞典和德国就开始使用污水灌溉技术，18世纪末，这种技术在英国也得到盛行，并于19世纪70年代传入美国。但当时采用这种技术的目的是为了处置污物的方便，很少或是根本不考虑对污染物进行科学的处理，更没有去研究处理后水的再循环利用，因此，从严格意义上说，那时所采用的处理技术不能称为真正的污水土地处理技术，它是污水土地处理系统技术早期的雏形，有些学者称为土地处置，由于土地处置方法不符合公共卫生等方面的要求，这种方法随之萧条。进入20世纪，随着工业的迅速发展，城市人口膨胀，各种化学工业污染物和污水与日俱增，虽然处理污水的各种技术，如生化处理技术等日趋成熟，但由于这些技术的运行费用高，耗能大等原因，以及水资源短缺的出现，使得人们不得不发展污水处理的革新技术和代用技术，走污水资源化的新路线。由于土地处理系统不仅设备简单，而且净化水质可达二级处理，甚至三级深度处理水平，越来越多的国家开始积极研究和推广污水土地处理与利用。

在国外，从20世纪80年代以来，污水土地处理系统得到快速的发展，在美国、俄罗斯、日本、澳大利亚、以色列和西欧等国家得到了广泛的应用。在美国，已有45个州发展了污水土地处理系统，占全部污水处理系统的25%左右，其中慢速渗滤系统800多个，快速渗滤系统300多个，地表漫流系统20多个；俄罗斯近几十年来也十分重视污水土地系统的研究，把地下土壤渗滤沟工艺作为科技攻关项目，编制了相应的技术规范，在工艺流程、净化方法、构筑设施等方面得到了逐步完善，目前，俄罗斯应用于污水处理的土地面积超过1 000万 hm^2，占世界第一位；日本利用土壤-植物生态系统开发了地下土壤毛管渗滤沟工艺，对污水处理达到三级处理的效果；澳大利亚把多种处理工艺进行结合，开发了污水土地处理复合系统。此外，英国、挪威、瑞典、芬兰、丹麦、荷兰和德国等国家均有营建污水土地处理系统的报道。

我国污水土地处理方面的研究起步较晚，但也取得了一定进展和成果。从 20 世纪 80 年代初开始对污水土地系统进行研究，随后在“七五”“八五”期间得到迅速的发展，其目的主要是通过合理利用自然生态系统，寻求一种低成本、低能耗的城市污水土地处理系统。首先开发了传统的土地处理系统，如快速渗滤系统，慢速渗滤系统等，它具有低能耗、低花费、维护和操作简便，处理效果比较好等优点，其中对 SS、BOD_5、COD_{Cr}、病原微生物处理效果非常好，一般可达 80%以上，对氮、磷等处理效果也比较好，一般 40%～80%，但具有水力负荷低、占地面积大、受场地和气候条件限制等缺点。随后有学者以人工土壤作为过滤介质，研究了人工快渗系统，将污水有效地控制在投放于人工构筑的渗率介质表面，使其在下渗过程中经历不同的物理化学和生物作用，最终达到污水净化的目的。它保留了传统土地处理系统的优点，同时对其进行了改进，可根据实际情况对渗滤介质进行调整，使其不受场地的限制，而且明显增大了其水力负荷。但还存在水力负荷低，处理能力小等缺点。就以上方法中都存在的水力负荷小的问题，有学者进行了专门研究。研究结果表明：水力负荷设计的大小与土层性质有关，细砂颗粒小，给水度小，而持水度大，相应设计水力负荷小，中砂设计水力负荷中等，粗砂设计水力负荷最大，但以上方法仅限于污水处理的目的，尚未提高到回用高度。所以，近年来地下土壤渗滤法在我国已日益受到重视。中科院沈阳应用生态所在“八五”“九五”期间论证了地下土壤渗滤法在我国北方寒冷地区处理生活污水的可行性，并研究了其出水作为中水回用的可行性。清华大学在 2000 年首先在农村地区推广应用地下土壤渗滤系统，取得了良好效果。

近年来，污水土地处理的观念也发生了很大变化。之前较少考虑土地对污水的净化能力和充分利用其中的水肥资源，主要把土地作为污水的受纳体。目前污水土地处理系统工作不再盲目、被动，和污水的生物处理一样，经过合理设计能达到预定的处理标准。

4.2 污水土地处理的原理

污水中的污染物种类极多，按其种类和性质，一般可分为四大类：无机无毒物、无机毒物、有机无毒物和有机毒物。土地处理系统是利用土壤以及其中的微生物和植物对污染物进行综合净化的，使有机物转化为无机物、无机物被直接吸收、有毒物变为无毒物或毒性降低。其净化污水的机理主要是通过土壤的过滤、截留、物理和化学吸附、化学分解、生物氧化以及生物的吸收等作用实现的，往往被看成是高效的污水“活过滤器”。它的净化功能主要体现在以下几个方面：

1）物理过滤

土壤颗粒间的孔隙具有截留，过滤层中悬浮物的性能，影响土壤物理过滤净化效果的因素有土壤颗粒的大小，土壤孔隙的形状、大小和分布以及污水中悬浮物颗粒的性质、多少与大小。如悬浮颗粒过粗、过多及微生物代谢产物过多，都能导致土壤孔隙的堵塞。

2）物理吸附与物理化学吸附

在非极性分子之间的范德华力的作用下，土壤中黏土矿物颗粒能够吸附土壤中的中性分子。污水中的金属离子在土壤胶体表面，土壤胶体微粒作为分散相分散于微粒间的土壤胶体溶液中，成为土壤胶体系统。土壤胶体具有多种特性，对整个土壤的性质影响极大。由于土壤胶体的粒径非常细小，具有很大的表面能并带有电荷，因此能够对污水中的离子产生吸收、络合和沉淀作用。其净化能力与土壤胶体的种类、数量和性质有关。土壤中所含胶体物质越多，其净化能力越强；含有机胶体越多，其净化能力越强。土壤胶体吸收离子态的物质并与溶液中的离子进行交换，这种作用就是土壤胶体的代换性吸收作用。主要以阳离子的交换作用为主。当污水流经土壤时，污水中的离子就可被代换吸附在土壤胶体上，起到净化作用。净化能力与土壤中土壤胶体的种类、数量、污水中所含离子的浓度、原子序数、离子价等有关。

3）化学作用

在水浇地的表土层可发生多种复杂的化学反应，例如，重金属的沉淀，磷和钙、铝结合的沉淀，这些沉淀的形式决定于各有关离子的相对浓度。阳离子和某些阴离子可被土壤胶体强烈地吸附，缓解其毒性。土壤中也可发生中和作用，pH 的改变又可使某些污染物质变成气态，向大气释放。氧化还原反应也可能发生，从而使某些物质变成可溶状态随水迁移；同样，某些阳离子可被氧化形成难溶性物质。在地面上，光化学反应的发生对有机废物的降解是极其重要的。影响这些反应速度和特征的因素是土壤湿度、温度、土壤性状、土壤结构、孔径分布和渗透性、离子种类和它们的相对浓度、有机质含量、养分的有效性以及土壤 pH。

4）生物作用

植被可以吸收或累积某些物质（特别是养分），并使其从土地中转移出去。在慢速渗滤系统中植被的这种作用是至关重要的。土壤中的微生物分解有机物质，从而改善植物生长的营养条件；植物反过来为微生物提供生命活动的中间媒介。在水浇地中好氧状况和兼性状况都是存在的，这两种状况以不同的机制去除污染物，特别对于氮素，这两种状况的存在都是必要的。土壤真菌和细菌的大量生长抑制了病原生物的繁殖，这是由于它们之间的竞争作用造成的。土壤微生物的生长可使污水中的颗粒物质被截留于表土中。植被及其庞大的根系减缓了污水沿地表流动的速度，保证地表土壤不受水流冲刷．有利于水中悬浮物的沉淀，限制了污染物质的移动。植被为水面遮挡阳光，避免因藻类大量生长影响处理效果。

4.3 污水土地处理系统的组成

污水土地处理系统主要由以下几部分组成：

（1）污水的收集和预处理设备；

（2）污水贮存和水量调节设备；

（3）污水的输送、投配与控制系统；

（4）污水土地净化田；

（5）出水的收集和利用系统。

在污水土地处理系统中最核心的是污水土地净化田，它是组成完整系统的关键。农村经济条件有限，污水缺少健全的收集管网，污水土地处理技术用于经济欠发达农村地区处理生活污水时，由于贮存和预处理等设备投资问题，其处理规模不宜过大，净化出水的收集和再利用经济效益低，且再利用的途径较少。

4.4 污水土地处理的主要工艺

土地处理系统基本工艺可分为四种：慢速渗滤（SR）、快速渗滤（RI）、地表漫流（OF）、地下渗滤处理系统（SI）。其主要差别在于相应工艺中污水运移的速率和水力路径不同。主要是根据土壤性质、透水性、地形、种植作物种类、气候条件和对污水处理程度的要求等来选择的。土地处理系统各工艺类型主要特点如表 4-1 所示。

表 4-1 土地处理系统各工艺类型的比较

项目	慢速渗滤	快速渗滤	地下渗滤	地表漫流
布水方式	喷灌、地表投配	地表投配	地下布水	喷灌、地表投配
水力负荷/（m/a）	0.6～6.0	6.0～170	0～10	3～20
周负荷率/（cm/周）	1.3～10	10～240	5～20	6～40
预处理要求	沉淀或水解酸化	沉淀或水解酸化	沉淀或水解酸化	沉淀或水解酸化
所需土地面积/（hm^2/万 m^3）	60～600	2～60	13～150	15～120
投配污水去向	蒸发、渗滤	渗滤	蒸发、渗滤	蒸发、渗滤
对植物的需要	必要	不必要	不必要	必要
对气候的要求	较温暖	无限制	无限制	较温暖

项目	慢速渗滤	快速渗滤	地下渗滤	地表漫流
地下水位最小深度/m	0～1.5	0～4.5	2.0	—
是否影响地下水质	可能有影响	有影响	影响不大	影响轻微
有机（BOD）负荷率/[kg/（万 m^2·d）]	50～500	150～1 000	—	40～120
场地坡度	种植物≤20% 不种植物≤40%	无限制	—	2%～8%
出水水质/（mg/L）	BOD_5≤2 TSS≤1 TN≤3 TP≤0.1	BOD_5≤5 TSS≤2 TN≤10 TP≤1	BOD_5≤10 TSS≤10	BOD_5≤10 TSS≤10 TN≤10 TP≤6
运行管理特点	种作物时严格管理，寿命长	运行管理简单，磷可能限制系统寿命	—	运行管理比较严格，寿命长

4.4.1 慢速渗滤系统

1）特点与性能

慢速渗滤系统（图 4-2）通常用于渗水性能较好的沙质土壤以及蒸发量小、气候湿润的地区。污水通过表面布水或喷灌布水的方式投配到土壤表面，并慢慢向地下渗滤，土壤表面种有作物，可以大量吸收污水中的水分和营养物质，并借助土壤-植物-微生物的联合作用对污水进行净化。部分污水经蒸发或植物蒸腾作用进入大气，其他部分渗入地下。由于水力负荷通常较小，污水中的营养物质可被作物充分利用，污染地下水的可能性较小，因此被认为是最适宜的土地处理方法。

经典的慢速渗滤系统所投配的污水一般不产生径流。污水经土层进入地下水的过程是间歇性的且比较缓慢；在系统表面种植的作物需要根据污水及环境条件不同作适宜选择；由于气候对作物的影响，在冬季、雨季和作物播种等时节，通常不能处理污水，污水需要通过其他途径处理。

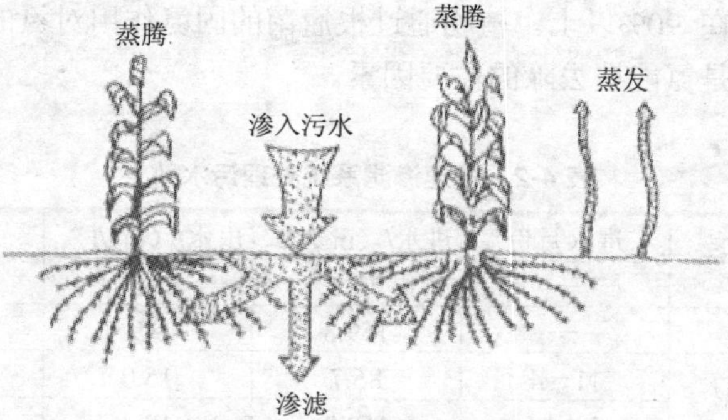

图 4-2 慢速渗滤系统示意图

2）预处理和进水要求

农村生活污水水质比较稳定，且通常不含工业污染物质，因此其预处理通常不必达到很高的程度；另外，由于慢速渗滤系统对污水中 BOD_5、SS、氮和磷的去除程度都很高，该工艺用来处理农村生活污水时，对进水预处理要求不高。

考虑到农村客观条件的限制，慢速渗滤系统预处理主要采用一级处理和二级处理。一级处理主要有沉淀池或水解酸化池，渗滤田产出的作物不供食用。二级处理主要用稳定塘。慢速渗滤系统由于设计目的不同，其限制因素和有机负荷、水力负荷均不一样，如果进行以处理污水为主要目的的灌溉，水力负荷受限于土壤渗滤能力或氮负荷；当以提高作物产量和经济效益为目的时，水力负荷受作物对水和氮磷的需求量限制。因此由于水力负荷不同，相应的有机负荷也不同。一般认为 BOD_5 范围在 11.2～28.0kg/（hm^2・d）比较合适，在此负荷内有机物有助于改善土壤，并补充被微生物氧化的碳，且不会造成土壤堵塞的问题。

3）污水处理效果

慢速渗滤系统对污水中所含 BOD_5、COD_{Cr}、SS、氮、磷、大肠杆菌及微量有机物均有很强的处理能力。表 4-2 列出了我国西南某慢速渗滤污水土地处理系统的运行效果，该系统对 BOD_5、COD_{Cr}、

SS、磷的去除效率均在90%以上，总氮的去除率在75%左右，氨氮去除率也在90%以上。植物通过根瘤菌的固氮作用对氮的摄取以及土壤脱氮是氮能被去除的主要因素。

表4-2 慢速渗滤系统处理污水效果

水质指标	进水月份	进水/（mg/L）	出水/（mg/L）	去除率/%
BOD_5	—	76.7	3.5	95.5
COD	—	159.8	9.9	93.8
SS	11～4	86.7	15.0	93.3
	5～10	152.2	18.4	94.1
	全年	108.6	16.6	93.2
TN	—	27.9	6.43	77.0
NH_4^+-N	—	24.1	1.9	92.1
TP	1	2.99	0.04	98.6
	2	3.54	0.10	97.1
	3	2.41	0.06	97.7
	4	4.16	0.20	95.3
	5	2.71	0.12	95.5
	6	1.73	0.15	91.5

慢速渗滤系统不但对污水中常规污染物有很好的去除效果，其对污水中很多微量有机物污染物质也有显著的去除效果，如氯仿、三氯甲烷、四氯乙烯等。此外，该渗滤系统对大肠杆菌和粪大肠杆菌都有极强的去除能力，污水中的病毒和寄生虫等能通过慢速渗滤去除。由于慢速渗滤土地处理技术易与农业生产结合，工艺灵活，资金投入少，因此，该技术是土地处理技术中经济效益最大、水和营养成分利用率最高的一种类型，可适用于人口相对集中、排污系统比较完善的农村地区。

4）慢速渗滤系统设计

依据我国《城市污水土地处理利用设计手册》的建议，慢速渗滤系统的主要设计参数如下：

（1）水力负荷60～600cm/a（以年计），1～10cm/周（以周计）

$$L_w=E_T-P_T+P_w$$

最佳灌水负荷：

$$L_R=P_w/(L_w+P_T)$$

干旱地区 $P_w=L_R(E_T-P_T)/100$

当 $(E_T-P_T)\leqslant 0$ 时，$L_w=(E_T-P_T)(1+L_R/100)$

式中：L_w——最大设计水力负荷，cm/a；

L_R——最佳灌水负荷；

E_T——蒸发水量，cm/a；

P_T——降水量（含降雪），cm/a；

P_w——设计田块渗滤率，cm/a。

（2）土壤渗透系数 K 控制在 0.036～0.36m/d 范围内

（3）表层土壤包气带的最小厚度大于 0.6～1.0m

（4）灌溉田面积

$$A_w=(365Q\pm\Delta V_s)/CL_w$$

式中：A_w——灌溉田面积，万 m^2；

Q——日平均污水处理量，m^3/d；

ΔV_s——由于降雨、蒸发和渗漏而减少或增加的水量，m^3/d；

C——校正系数，0.01；

L_w——设计水力负荷，cm/a。

在慢速渗滤系统的实际设计过程中，该工艺可以划分为处理型和水利用型两种，水利用型应在尽可能大的土地面积上利用污水，从而可以获得更大的农业经济收益。在我国广大干旱、半干旱地区，水利用型慢速渗滤系统有着广阔的应用前景。

水量调节与贮存系统在设计过程中是必须考虑的。通常情况下，贮存塘系统多与水利用型慢渗系统配套，用于水资源短缺地区；联合系统或多样化生态结构水力负荷调节常与处理型慢渗系统配套，应用于土地资源稀缺、经济较发达的东部沿海地区农村。

4.4.2 快速渗滤系统

4.4.2.1 特点与性能

快速渗滤土地处理系统（图 4-3）是一种高效、低耗、经济的污水处理和再生方法。适用于透水性能良好的土壤，如沙土、砾石性沙土、砂质土壤等。污水灌至快速渗滤田表面后很快下渗进入地下，并最终进入地下水层。灌水和休灌反复循环进行，使滤田表层土壤处于厌氧-好氧交替运行状态，依靠土壤微生物将被土壤截留的溶解性和悬浮有机物进行分解，是污水得到净化。快速渗滤系统的水力负荷与有机负荷往往比其他类型的土地处理系统高很多。同时，通过合理的设计并采取各项科学管理措施严格控制干湿期，其净化效果可以得到更大的提高。

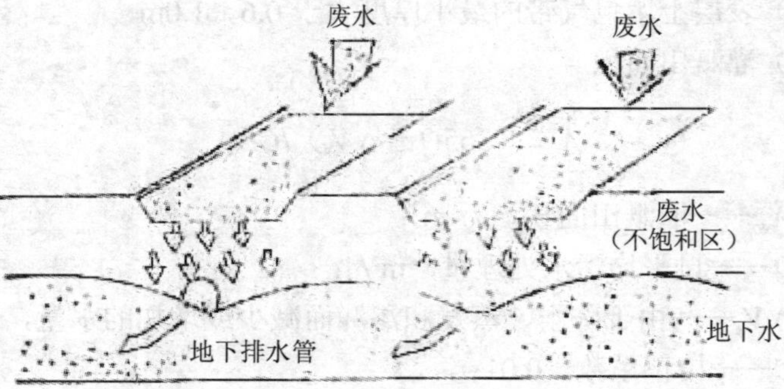

图 4-3　快速渗滤系统示意图

快速渗滤系统的主要目的是补给地下水和废水再生利用，废水的投配方式若以补偿地下水以达到回用目的，则以面灌为主，可用集水井或地下集水管收集再生水；若单纯回灌地下水，可不采用集水系统，使净水贮存在底下蓄水层。

4.4.2.2 预处理和进水要求

为了保证快速渗滤系统有较大的渗滤速率和硝化速率，系统进水应进行适当的预处理。具体应按照不同的目标要求来确定应该采用的预处理工艺。若以尽可能去除氮为目标，一般情况下，污水经过一级处理就可以满足要求。用二级或更高的预处理的出水脱氮效果不一定更好，含氮有机物过多地被去除会造成水中 C/N 比较低，从而导致脱氮效果降低。因此，一级处理出水的 C/N 高对提高脱氮效果更合适；若可供使用的土地有限，需要加大渗滤速率，或者要求高质量的出水水质时，则应以二级处理作为预处理标准；若以使水力负荷、渗滤速率、硝化速率达到最大值为目标，污水通常经一级预处理即可。

4.4.2.3 污水处理效果

污水中诸如 BOD_5、COD_{Cr}、SS、氮、磷和大肠杆菌等污染物质都可以通过渗滤和过滤作用得到有效去除。

1）对 BOD_5、COD_{Cr} 的去除

快速渗滤系统对 COD_{Cr}、BOD_5 都有较高的去除率，美国的典型快速渗滤系统渗滤出水水质与慢速渗滤工艺的效果相当，BOD_5 达到 0～8mg/L。经验表明，经过良好驯化的快速渗滤系统可接纳 COD_{Cr} 为 1.12 万 kg/（hm^2·d），BOD_5 为 145～1 000kg/（hm^2·d）的负荷。Bouwer 等在快速渗滤系统中研究显示，二级处理出水经过 3.3m 的非饱和带的净化后，COD_{Cr}、BOD_5 的去除率几乎可达到 100%。

快速渗滤系统对 COD_{Cr}、BOD_5 去除机制主要是通过挥发、吸附、化学转化与生物降解等作用。对于快速渗滤系统中有机质来说主要是靠生物降解。截留在土壤中的有机物质使微生物繁殖，微生物又进一步吸附，形成由菌胶团和大量真菌菌丝组成的生物膜；在有机物被降解的同时，生物膜由于新陈代谢而不断更新，能长期地保持对污染物的去除作用。微生物对 COD_{Cr} 降解主要是发生在系统停止布水的时期——干化期，以好氧微生物为主导，好氧降解比厌氧降解更为有效。有研究表明，非生物机制（如土壤中物理作用的沉降和过滤；化学作用的吸附分解、沉淀、离子交换、氧化、还原及其他化学反应等）对 COD_{Cr} 的总去除率平均为 55.1%，而单纯的机械截留可以去除 48.9%；但这仅仅是截留在土层中，在干化期实

际上通过非生物的矿化作用对 COD_{Cr} 的去除仅占 10% 左右，并且受到土壤的氧化还原条件的影响。快速渗滤系统中土壤呼吸强度与土壤有机质呈明显的正相关关系（r^2 =0.768 0），说明 COD_{Cr} 的分解与微生物的数量和种类有密切的关系；主要是细菌起到生物降解的作用。有研究表明，在污水投配前，细菌∶真菌∶放线菌=2∶1.5∶1；系统经过灌 1 停 2 方式运转 18 个月以后，细菌∶真菌∶放线菌=3.5∶2∶1，细菌所占比例明显增加。众多研究表明，快速渗滤系统中有机污染物的去除是生物与非生物共同作用的结果，土壤机械截留污水中有机质，主要是依靠生物降解，只有小部分是吸附去除的。

2）对 N、P 的去除

城市污水中的 N 通常是以有机氮（40%）和氨或铵离子（60%）的形式存在，经过常规一级或二级处理以后，除部分氮被硝化外，大部分都以氨态氮形式存在于污水中。快速渗滤系统去除氮的主要机理是硝化-反硝化作用，在好氧条件下，氨氮被氧化成硝酸盐；在厌氧条件下，硝酸盐被转化为氮气，完成氮的去除。有研究表明，一般硝化作用的最适温度为 30～35℃，2～5℃则明显减慢，而在 0℃几乎停止；在酸性条件下，硝化作用迅速下降，pH=4.5 为硝化作用的极限；氮的去除也与土壤的渗滤速度有关，通常氮的去除率与土壤的渗滤速度成反比。要得到较好的氮处理效果，必须降低系统的水力负荷。另外，土层中 C/N 比率对氮的去除也有重要的影响。Lance 等研究表明，具有较高 C/N 值的一级处理出水与具有较低 C/N 值的二级处理出水相比，在快速渗滤系统中前者处理的效果更好。在污水中的有机碳为反硝化作用提供能量，大约 2mg/L 总有机碳可供 1mg/L 氮硝化的能量之用。

由于土壤去除氮是一个十分复杂的过程，很难协调好好氧与厌氧环境的相互转换，因此，大多数快速渗滤系统对氮的去除率一般在 50%～70%。只有针对氮去除而进行设计的系统，氮的去除率才能达到 80%以上。Suzuki 等利用土壤渗滤装置研究表明，快速渗滤系统对氨态氮的去除率为 90%，而对 TN 的去除率仅为 50%。

由于快速渗滤系统没有植物对 P 的吸收，磷没有气态形式，所以快速渗滤系统对磷的去除机理主要是土壤的物理、化学作用，也就是土壤本身对磷的容量。因此，磷要在土壤中迁移较长的距离才能有效地被去除。在快速渗滤系统中由于土层较薄，没有较长的迁移距离，同时快速渗滤系统又具有高水力负荷速率，因此对P的处理效果不是很理想。有研究表明，在快速渗滤系统中的P去除率为40%～80%。但如果净化出水的目的是农业灌溉，N、P的去除效果还是可以满足要求的，此时的N、P就不是快速渗滤系统设计的限制性参数。

3）对病原微生物、SS的去除

快速渗滤系统对SS的去除主要是借助于土壤的机械截留作用，在典型的城市污水中，大部分悬浮固体为可降解的有机物，所以在一般快速渗滤系统出水中SS的浓度小于10mg/L，除非污水中含有大量的难降解的SS。Lance等研究结果表明，对于一级、二级常规处理出水中的SS对于快速渗滤系统的渗透速率几乎没有任何影响。

在污水土地处理中所关注的病原微生物有细菌、寄生虫和病毒，它们通过过滤、吸附、干化、辐照、生物捕食以及暴露在不利条件下等方式被去除。Powelson等利用土柱模拟快速渗滤系统来净化二级处理出水，其研究结果表明：①病毒迁移不受污水类型的影响；②病毒的去除在非饱和带比饱和带更有效；③在快速渗滤系统中的病毒的迁移的数量仅是所预测的一小部分。对于个体较大的病毒微生物表面过滤就可以去除，病原性细菌则通过土壤吸附和土壤表面的过滤作用去除；病毒则完全由土壤吸附作用去除。对于粪大肠杆菌，快速渗滤系统可以去除2～3个数量级，污水在土壤中的迁移距离越长，去除效果越好，可达到90%以上。

然而，有研究结果表明，对二级污水处理厂排水经过土地处理再次净化，发现在土壤厚度约为4 m处，病毒的去除率为37%～99.7%。说明由于土壤本身的特性等因素对病原性微生物的去除效果是不同的。因此考虑到快速渗滤系统土层很薄，以及工程上的复杂性，对快速渗滤系统的运行与监测应更为严格和细致。

4）对微量污染物的去除

随着对人体健康有极大威胁的微量有机化合物的不断发现，近年来对快速渗滤系统中的微量有机物的去除的研究也比较多。人们对快速渗滤系统中微量有机污染物净化的研究，也由对其净化效果的一般性考察开始转向更深层次的研究。

快速渗滤系统对微量有机物的去除是十分有效的，与常规的污水处理工艺比较，快速渗滤系统对微量有机物的去除效果更高。如徐美正通过与 6 种常规污水处理过程（初沉降、一级处理加过滤、化学沉淀、滴滤池、活性污泥及氧化塘）对 4 种挥发性卤代烃物质去除率的比较，快速渗滤系统对挥发性卤代烃的去除是十分有效的，快速渗滤系统对挥发性卤代烃 1,2-二氯乙烯和 1,2-二氯乙烷的去除率分别为 100%和 98%；对氯仿与四氯化碳的去除率分别为 89%和 66%，并且快速渗滤系统在选择最佳干、湿周期和布水率，减轻地下水硝态氮污染时，对挥发性有机物去除率影响不大。另外，吴永锋等研究表明，快速渗滤系统对芳香类物质，如苯、甲苯等去除率可在 90%以上。

微量有机物在快速渗滤系统中经历挥发、吸附、降解等一系列过程，主要净化机制为土壤吸附、挥发和生物降解，并且系统的氧化还原条件对生物降解的影响很大。Bouwer 等研究土壤含水层处理系统对潜在的挥发性微量有机污染物去除时发现，挥发作用去除全部的 30%～70%。现有的研究结果表明，不同有机物降解特性也不同。一般认为，脂肪烃卤代程度越高，越容易在厌氧条件下发生还原性脱卤作用，而卤代程度低的脂肪烃在好氧条件下降解。吴永锋等研究表明，快速渗滤系统在淹水期时，氯代脂肪烃类质量浓度持续下降，表明该类化合物在好氧条件和厌氧条件均产生不同的生物降解作用。但芳香烃类则受到快速渗滤系统内部氧化还原条件的影响，如苯和甲苯在好氧条件下容易发生降解，在厌氧条件下基本上不发生降解。而 Aderson 等研究结果表明，污水中氯的去除是光诱导下的光降解作用。

由此可以看出，尽管快速渗滤系统对微量有机物的去除率很高，仍很难在同一个快速渗滤系统中将所有微量有机物同时去除；可能会造成某些微量有机物污染地表水或地下水；因此，要针对不同的污染物采取不同的对策。同时，对快速渗滤系统去除微量有机物的机制仍需进一步研究。

4.4.2.4 快速渗滤系统设计

1）水力负荷率

水力负荷率 L_w 是快速渗滤系统的一项重要设计参数，其与场地的水力传导性、投配负荷周期、投配废水性质和净化要求等因素有着非常紧密的联系。水力负荷率的确定要以现场场地和实验室测定的土壤渗滤速率、饱和导水率、渗透系数等数据作为依据。

饱和导水率 K_v 是指水渗入饱和土壤在水力梯度作用下单位时间内单位土壤截面通过的清水量，以 cm/h 为单位。

清水的传导率 L_{cw}，即清水的水力负荷率为 $m^3/(m^2\cdot a)$，即 m/a。废水的传导率 L_w，即废水的水力负荷率为：

$$L_w=CL_{cw}$$

式中 C 为校正系数，按照不同的测定方法有所不同。具体如表 4-3 所示。

表 4-3　水力负荷率校正系数

测定方法	校正系数（C）
淹水池法	0.10～0.15
进气式或圆筒渗透仪法	0.02～0.04

国外很多设计成功的快速渗滤系统的水力负荷率为 10～70m/a，相应的有效水力传导系统 K_v 为 2～15cm/h。按此推算出的 L_{cw} 为 175～1 314m/a；L_w 为 17.5～131.4m/a。常用的 L_w 值为 6～122m/a。

2）渗滤田面积

污水投配所需渗滤田面积 A 计算公式为：

$$A=1.9Q/LP$$

式中：Q——污水设计流量，m^3/d；

L——设计水力负荷率，m/a；

P——渗滤田年运行周数，周/a；

1.9——换算校正系数。

如果快速渗滤系统是终年运行的，面积 A 值可按下式计算：

$$A=0.036\,5Q/L$$

3）渗滤田块数

在快速渗滤系统设计过程中，系统渗滤田的块数是随地形和水力负荷率而定的。即使采用最少的渗滤田数也要保证在任何时候至少有一个田块可以接纳污水。在不同投配期和干化期条件下最少渗滤田块数如表 4-4 所示。

表 4-4　快速渗滤系统连续运行所需的最少渗滤池数目

投配期/d	干化期/d	最少渗滤池数
1	5～7	6～8
2	5～7	4～5
1	7～12	8～12
2	7～12	5～7
1	4～5	5～6
2	4～5	3～4
3	4～5	3
1	5～10	6～11
2	5～10	4～6
3	5～10	4～6
1	10～14	11～15
2	10～14	6～8
1	12～16	13～17
2	12～16	7～9
7	10～16	3～4
8	10～16	3
9	10～16	3

4）**渗滤田深度**

渗滤田深度是由污水投配期结束时表面滞水深度（最大设计深度）加上超高。在设计快速渗滤池表面滞水深度时，要先设定一个条件，就是淹水期所投配的污水在干化期的初期就已经渗入土壤，以确保干化期的时间能使土壤表层好氧条件得以恢复，这个过程约需 36h。在好氧恢复需要更长时间的情况下，延长干化期是有必要的，也可以在干化期进行渗滤池的维护。在渗滤池堵塞严重的情况下，要对渗滤池表层的土壤先进行剥离，然后再回填一定厚度的土层。

对于渗滤池深度的具体计算通常用斯蒂芬公式进行：

$$H=H_0-2.22\,(1-\eta)^{0.35}\cdot\eta^{0.325}\cdot K_v t^{0.675}$$

式中：H ——时间为 t 时的污水深度，cm；

H_0 ——时间为 0 时，投配结束时污水深度，cm；

η ——土壤孔隙度，%；

K_v ——垂直饱和导水率，cm/h；

t ——时间，h。

不同土壤的孔隙度 η 有所差异，粉土和黏土为 50%～60%；细砂为 40%～50%；中砂为 35%～40%；粗砂为 25%～35%；砾石为 20%～30%；砂和砾石为 10%～30%。考虑到土壤中微生物的繁殖，孔隙度和 K_v 应乘以 30%～60%计，以考虑微生物对 η 和 K_v 的影响。

土壤总孔隙度和透水性是两项互相关联的土壤性质，除了受土壤质地的限制外，还与土壤有机质含量、结构性和剖面构造有关。矿质土壤的孔隙度一般在 30%～60%的范围内。其中，沙质土的孔隙度小而透水性好，因为大的孔隙多；黏质土则相反，孔隙度虽较大但透水性差，因为多是阻碍水分下渗的微细孔隙。在有机质丰富而结构性好的表层土，孔隙度很大且透水性也强；但其下垫若是坚实的黏土层则限制水分下渗，产生上层滞水，造成还原环境。湖泊、低洼湿地的有机土，因为大量有机物吸水膨胀，孔隙度高达 60%～80%，但湿胀反而阻碍了水分下渗，造成较强的还原环境，不利于土壤好氧微生物活动而难以消除污染物质。

5）投配期/落干期

科学地控制污水投配期和落干期在快速渗滤系统设计中是必不可少的，这是为了在落干期有足够的氧渗入土壤-微生物系统来确保有机物的好氧生化反应及氨氮的硝化反应，同时在淹水期内能够维持厌氧条件以保证反硝化反应的进行。快速渗滤系统设计目标不同，其投配期与落干期之比也有所差异。对于一级预处理污水而言，该比值通常小于 0.2，从而确保有足够的落干期。为了获得最大的硝化-反硝化反应速率及氮去除率，该比值通常控制在 0.5～1.0。一般情况下，气候寒冷时所采用的落干期要长于气候温暖时。表 4-5 列举了不同目标快速渗滤系统的投配期和落干期的参数，可以作为工程设计的参考。

表 4-5 不同快速渗滤系统的投配期与落干期

处理目标	预处理程度	季节	投配期/d	落干期/d
使污水渗滤渗滤最快	一级	夏、冬	1～2	5～7 7～12
	二级	夏、冬	1～3	4～5 5～10
使系统脱氮率最高	一级	夏、冬	1～2	10～14 12～16
	二级	夏、冬	7～9 9～12	10～15 12～16
使系统硝化率最高	一级	夏、冬	1～2	7～12
	二级	夏、冬	1～3	4～5 5～10

6）污水投配率

污水投配率由年水力负荷率和负荷周期确定，其具体计算方法如下：

（1）投配期加落干期得出负荷周期总天数（d）；

（2）年运行天数除以负荷周期天数得出年负荷周期数；

（3）年水力负荷率除以年污水负荷周期数，得出每个投配周期的水力负荷；

（4）每个投配周期的水力负荷除以污水投配期（d），即得出污水投配率 R（m/d）。每天投配的污水量（Q）按下式计算：

$$Q=R \cdot A$$

式中：A——渗滤田面积，m^2。

7）排水系统

快速渗滤系统设计时还需考虑排水系统，排水系统的排水能力应以保持渗滤田的正常渗滤速率和净化能力为目的。其主要排水方式有：排入地表水体、地下水系统、系列渗滤田和排水管道能相互交替排水的系统。

快速渗滤系统在冬季运行过程中，其田块上冻结的冰层可能阻碍污水的下渗，使系统无法正常工作。为了解决这一问题，可以考虑采用冰水投配污水，在渗滤田上预先形成一层冰层，然后落干其下部的污水，再通过冰层下的空间进行污水投配，使系统能够持续运行。但是，这种运行方式，在落干期复氧过程中会受到一定影响，因此，落干期会相应延长。

4.4.3 地下渗滤系统

4.4.3.1 特点与工艺类型

1）工艺特点

地下渗滤系统是土地处理的一种类型。该系统是利用并强化土壤微生物及土壤-植物稳定生态系统的净化功能，由化粪池和地下渗滤装置构成的污水处理系统，污水经过化粪池预处理之后将污水有控制地投配到具有一定构造、距地面一定深度和具有良好扩散性能的土层中，而后污水在重力和土壤毛管浸润和渗滤作用下向周围扩散，在通过土壤-微生物-植物系统时利用物理截留、物化吸附、化学沉淀、微生物降解、动植物作用等被净化。地下渗滤系统具有处理出水的综合净化功能作用，达到处理与利用要求的一种土地处理系统（图 4-4）。

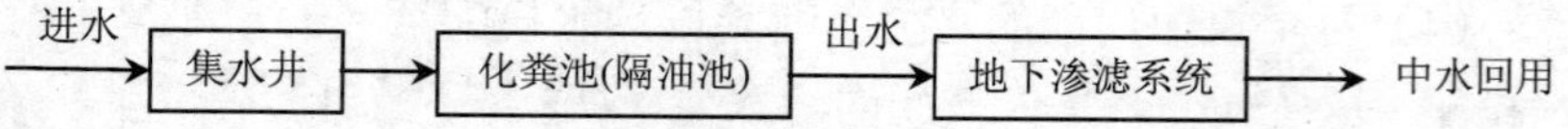

图 4-4　快速渗滤系统示意图

地下渗滤系统较传统二级生物处理有以下特点：①整个处理装置放在地下，不破坏景观；②净化出水水质良好、稳定，可用于农业灌溉；③对进水负荷变化适应性强，能耐受冲击负荷；④基本不受外界气温影响；⑤在去除 BOD_5 的同时，可去除 N、P；⑥建设容易，维护简单，基建投资少，运行费用低；⑦污泥产量少，污泥处理处置费用低。

2）发展历程

地下渗滤系统被用于净化污水始于 20 世纪 60 年代的日本，当时日本学者新见正就已经开始研究地下渗透净化污水技术。随着世界范围的水污染以及与此相伴随的全球水资源短缺形势的日益严重和污水回用研究的广泛开展，在美国、新西兰和西欧等国家，地下渗透系统的研究和应用日益受到重视。此时，在西方国家掀起了研究地下渗滤技术的高潮。

20 世纪 90 年代初，我国也开始重视对地下渗透技术的研究。1992 年，北京市环境保护科学研究院建造了一个实际模型的污水地下毛管渗透处理系统；通过“七五”“八五”“九五”联合攻关，实现了从小试、中试到实用规模的试验、示范研究；另外，以沈阳应用生态研究所为主，建立了地下渗滤污水处理工程。近年来上海交大在北京钓鱼台、温州荡山、温州大学、上海浦东开发区等地建了多个地下渗滤系统示范工程，运行情况良好。贵州省环境科学研究设计院从 2000 年至今，也一直在进行着地下渗滤净化系统的试验研究，通过多次模型设计、小试、中试，逐渐掌握了该项技术的除磷、脱氮效果以及影响因素。

3）工艺分类

（1）渗滤坑式地下渗滤系统：地下渗滤坑也称为地下渗井，是指在地下建造渗滤坑并利用渗滤坑周围和底部的土壤对化粪池出水进行处理的装置，渗滤坑的结构如图 4-5 所示。渗滤坑由预处理池和砾石堆组成，预处理池由水泥、石头、塑料等组成，池壁上开有所需大小的孔，预处理池内部和周围由砾石填充，整个渗滤坑埋入具有合适渗透性的土壤中。污水经过化粪池处理之后首先进入预处理池，而后由预处理池壁上的孔眼分配进入周围的砾石堆，在流经砾石堆之后渗入四周的土壤中，在此运动过程中得到净化。地下渗滤坑也是一种比较原始的地下渗滤系统，适于流量比较少的污水源。

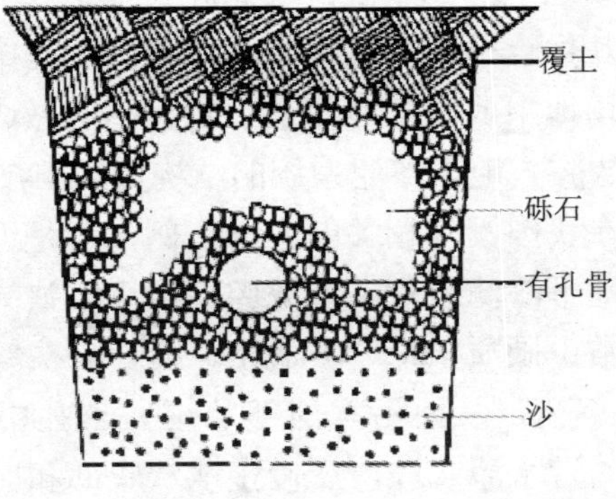

图 4-5　渗滤坑式地下渗滤系统示意图

（2）渗滤沟式地下渗滤系统：渗滤沟式地下渗滤装置也称为土壤净化槽地下渗滤装置，是目前国内外最常用的地下渗滤装置，渗滤沟的结构如图 4-6 所示。这种污水处理系统由前处理、布水管、砾石堆、处理场地等构成，通常将布水管放入一系列并行的渗滤沟，并且在布水管周围填上砾石堆。污水经过预处理除去悬浮物后，进入埋在地下的渗滤沟中的布水管，然后缓慢地向周围土壤浸润、渗透和扩散。土壤净化槽式地下渗滤系统提高了系统的污水处理能力，并且具有比较大的处理水的面积，经处理后出水的水质相应有所提高。

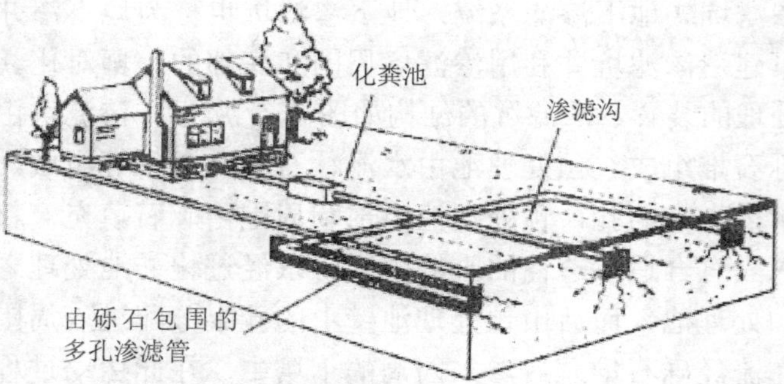

图 4-6 渗滤沟式地下渗滤系统示意图

（3）渗滤腔式地下渗滤系统：渗滤腔式地下渗滤系统与其他地下渗滤系统相比其优点是在土壤渗滤系统的渗滤沟中不再利用砾石堆，而是在处理场地中放置利用褶皱织物包裹的做成具有一定空间的腔体结构，渗滤腔式地下渗滤系统的结构如图 4-7 所示。渗滤腔式地下渗滤系统在我国没有相关的应用实例，但是近年来其在国外却是比较热门的地下渗滤装置。渗滤腔其实可以认为是底部开孔的大管子，腔体通常由硬质塑料、玻璃钢、砖、石头等构成。渗滤腔周围和底部开有小孔，从而污水能够从这些小孔中渗入四周的土壤。经过预处理的污水流入腔内后慢慢地从底部和四周渗入土壤，渗滤腔上一般留有可以用于检查的观察孔。

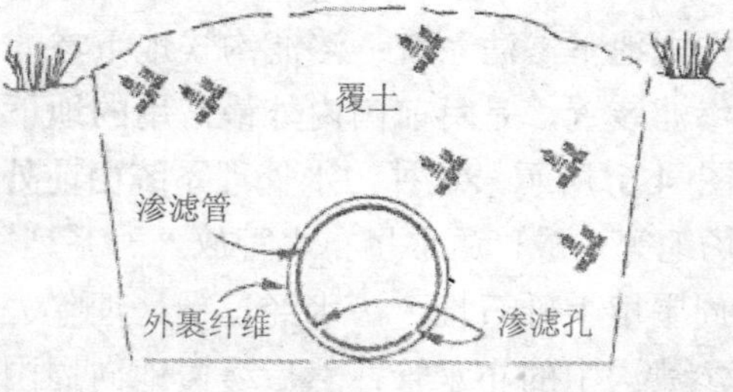

图 4-7 渗滤腔式地下渗滤系统示意图

（4）尼米槽式地下渗滤系统：日本人 Nimi 于 20 世纪 80 年代初期开发成功的尼米槽式地下渗滤系统，而在我国称为土壤毛管渗滤系统。系统的下部为不透水层，防止污水直接下渗，避免污染地下水。污水通过沟内土壤的毛管作用，缓慢地向上并向四周浸润、扩散入周围土壤，在地表下 30～50cm 深度的土壤层发生着非饱和渗透。在此层土壤内聚集着大量微生物及微型动物。在需氧微生物和厌氧微生物的作用下，污水中的有机污染物被吸附、降解，土壤中大量的原生动物和后生动物又以微生物为食料；伸入土层中的植物根系则吸收由于污水矿化而产生的氮、磷等无机养分，作为其生长所需的营养，尼米槽式地下渗滤系统的结构如图 4-8 所示。

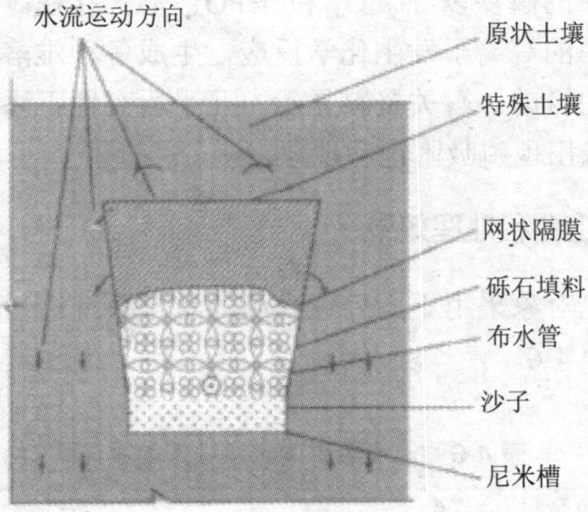

图 4-8　尼米槽式地下渗滤系统示意图

4.4.3.2　N、P 去除机理

1）N 的去除

地下渗滤系统对污水中氮的去除通常经过以下几个主要过程：①有机氮经氨化作用转变成氨态氮；②氨态氮被土壤胶体吸附；③土壤中的氨态氮经硝化作用氧化成硝酸态氮；④硝酸态氮通过反硝化作用还原成 N_2 逸出土壤。其反应方程为：

$$RCHNH_2COOH + O_2 \longrightarrow RCOOH + CO_2 + NH_3$$（氨化）

$$NH_4^+ + 2O_2 \longrightarrow NO_3^- + 2H^+ + H_2O$$（硝化）

$$NO_3^- + 5H_2 + 2H^+ \longrightarrow N_2 + 6H_2O$$（反硝化）

上述各种形态的氮的化合物中，氨态氮和硝态氮可以直接被植物吸收利用。有研究结果表明，对于一般生活污水而言，通过土地处理和植物吸收，污水中硝态氮几乎可被全部去除。

2）**磷的去除**

污水地下渗滤处理系统中磷去除的途径主要有土壤吸附和化学沉淀反应等。地下渗滤处理中磷的去除主要是由磷的化学沉淀反应过程实行的，因此我们可以认为磷在土壤中几乎是不移动的。污水或土壤溶液中的磷多以 $H_2PO_4^-$和 HPO_4^{2-}形式存在。磷酸根离子很容易与土壤中的等离子发生化学反应，生成各种难溶性磷酸盐，从而达到除磷的目的。有关资料显示，几乎所有地下渗滤处理系统常年运行后均未出现磷吸附饱和现象。

4.4.3.3 工艺组合和处理效果

不同净化对象采用不同处理设施的组合系统进行处理后的出水调查资料见表 4-6。

表 4-6 土壤渗滤沟污水处理效果 单位：mg/L

不同设施 / 项目	A		B		C		D	
	进水	出水	进水	出水	进水	出水	进水	出水
BOD_5	12.0	0.4	5.0	0.5	30.0	2.0	100.0	1.0
COD_{Mn}	17.5	1.2	6.2	1.2	35.0	4.2	47.5	2.5
TOC	12.0	1.0	4.2	1.0	24.5	4.0	110.0	3.5
TN	48.2	38.0	30.0	28.2	96.5	4.2	12.5	4.8
NH_4^+-N	13.0	0.02	0.1	0.1	47.0	0.1	6.0	0.1
NO_2-N+NO_3-N	30.5	35.5	25.0	28.0	47.5	1.5	0.0	2.6
TP	5.4	0.01	6.3	1.6	15.5	1.6	2.3	0.01
SS	10.0	1.4	5.0	1.0	2.5	1.0	—	—

从表 4-6 可以看出，四套系统的 BOD 去除率在 90%以上，COD_{Mn} 为 80%～95%，TOC 为 75%～95%，TP 为 74%～99%，说明土壤渗滤沟对 BOD_5、COD_{Mn}、TOC 和 TP 均有较强的净化效果，但对氮的去除必须考虑渗滤沟填充的土壤种类、性质和填充方法，否则脱氮效果较差（表 4-7）。

表 4-7　土壤渗滤沟污水处理效果

项目 系统	处理设施组合	处理水量/（m^3/d）	沟长/m	沟数/条	填料
A	初沉池+生物接触氧化池+土壤渗滤沟	4.0	11	4	黑土
B	初沉池+生物接触曝气池	6.0	9	6	砂石、矿渣
C	厌氧处理+生物接触曝气池	3.0	12	6	生物土壤
D	厌氧处理+土壤渗滤池+尼米渗滤池	1.0	6	2	淡黑土

4.4.3.4 土地用量

地下土壤渗滤沟可利用边角地、庭院、道路等农村地区土地，其上需要覆盖土壤或混凝土板。根据有关设计资料，按每人 2m 长渗滤沟计，当超过 5 人时，可采用下式计算：

$$L=10+2(n-5)\qquad(n\geqslant 5)$$

式中：L——沟长，m；

n——人数。

综上所述，如将地下土壤渗滤沟设置在绿地下面，则可按照 3～6m^2/（人·d）计算。

4.4.3.5 主要问题与对策

1）占地面积大

与其他土地处理技术相似，地下渗滤系统一般根据经验数值来确定水力负荷。通常，Niimi 系统设计的水力负荷为 30～40L/（m^2·d），较低的水力负荷带来最大的问题是占地面积大，处理 1m^3 污水占地面积 25m^2 以上，是 SBR 工艺的 5～8 倍。因此，提高水力负荷，减小占地面积，是研究的热点之一。其中，合理地选配渗滤基质，科学设计床体结构是研究较多的措施。

土壤作为地下渗滤系统的重要组成部分，对污染物起物理截留、化学沉淀、吸附、氧化还原、络合及离子交换等作用，同时为微生物提供了必要的环境条件。土壤的颗粒组成，结构和级配等性质决定了地下渗滤系统的处理能力和净化效果，合理的土壤选配措施即基质的选择与配比是地下渗滤系统成功的前提，改善土壤环境，使其具备土粒结构发达、通透性好、吸附容量大、渗透率高、有机质含量丰富等特性，可显著提高系统的水力负荷，减少土地使用面积。利用脱水和复配后的活性污泥制成的生物基质材料改良地下渗滤系统床体结构，COD_{Cr} 和氨氮去除率平均提高了 10%和 7%。

强化补氧可以改善高负荷状态下系统内部的水量分布与布水口及渗滤区的土壤生态条件，增加土壤溶液中电子受体浓度，提高系统驯化速度和处理效率，使地下渗滤系统在高负荷条件下仍可保证高效、稳定、长期运行，大大降低了土地占用面积。多层过滤结构与曝气装置的巧妙结合提高了地下渗滤系统的水力负荷，从而可有效解决系统占地面积大的问题。多层过渡结构的人工土层可增大对颗粒有机物的接触氧化表面积，充气保证了好氧过程的氧气供应，提高地下处理系统的水力负荷。以中国南方典型的红壤土、河沙和砾石为填充材料，处理广州地化所小区的生活污水，水力负荷达 40cm/d，远大于类似系统，同时还可获得较高的污染物去除率。有研究表明，在人工构建的、有植物体系的地下渗滤处理工程中，水力负荷达 28cm/d，仍能达到 75%的 BOD_5 去除率。

2）土壤堵塞

地下渗滤系统堵塞的成因很复杂，一般认为物理堵塞和生物堵塞是造成系统崩溃的主要原因，具体堵塞机理则涉及流体力学、结构力学、渗流力学等多方面，此外，气泡堵塞在一些情况下也容易发生。基质堵塞会降低床体的水力传导性，妨碍通气，降低地下渗滤系统的净化效果。

悬浮物产生的物理堵塞发生迅速，堵塞过程不可逆，因此，这种堵塞过程应该在地下渗滤系统中着重避免。通常，采用高效的预处理措施，降低地下渗滤系统进水的悬浮物浓度，可保障系统正常运转。

微生物过度繁殖及其胞外分泌物的积累或生物膜过度脱落都可能造成土壤孔隙堵塞。研究表明，微生物降解污染物过程中产生的中间产物（胞外多糖）是土壤孔隙堵塞的重要原因，另外，土壤中腐殖质的积累也会导致地下渗滤系统的堵塞。对于分散式生活污水，由于水力负荷较小，进水的有机质浓度也较低，故强化土壤的通气充氧作用便成为重要的防治土壤腐殖质积累的手段。实践证明，适宜的土壤改良措施，辅以干湿交替的运行方式可以缓解因生物作用导致的土壤堵塞问题。

土壤中生化反应产生的气体在复杂力学作用下堵塞土壤孔隙。土壤中微生物好氧-厌氧反应过程中产生 CO_2、CH_4、N_2 等气体如不能及时从土层中排出，将被分割成数段残留在孔道中，形成“固形”气体堵塞，或者在土壤毛细管网中堆积，造成内压过大，限制污水流过，导致土壤孔隙堵塞。通过干湿交替的运行方式，可有效防止微生物新陈代谢产生的气体对土壤孔隙造成的堵塞。在地下渗滤系统处理分散生活污水时，由于间歇式排水可形成干湿交替，气体堵塞问题较少。

总体上，强化预处理措施是防止系统堵塞的根本手段。如在地下渗滤系统前预置浮动生物床工艺，使进水中近 80%的固体悬浮物在预处理阶段去除，改善进水水质，效果显著。以色列的 Dan Region 工程采用 SAT 系统为核心工艺，预处理包括塘、澄清、撇渣，发挥着良好的过滤、化学沉淀、吸附等作用，去除 82%的悬浮固体，为 SAT 系统的正常运行创造了条件。因此，强化一级处理，降低地下渗滤系统的进水悬浮物浓度，对于提高系统寿命，保障处理效率具有重要的意义。

4.4.3.6 应用实例

我国东北地区某地下渗滤中水回用示范工程（废水处理量 50m³/d）。

1）工艺流程

生活污水→预处理装置→地下渗滤池→集水池→过滤池→加氯消毒→加压、回用

2）主要设计参数

场地土壤渗滤系数　$K>1\times10^{-7}$m/s；

渗滤田设计进水　$BOD_5\leqslant200$mg/L，SS≤120mg/L；

有机负荷（BOD_5）　≤10g/（m^2·d）；

有机物单位管长负荷（BOD_5）　≤15g/（m·d）；

水力负荷　≤70L/（m·d）。

该系统建成后运行情况如表 4-8 所示。

表 4-8　地下渗滤系统运行效果

项目	进水	出水	去除率/%
BOD_5/（mg/L）	304.6	12.4	95.9
SS/（mg/L）	197.5	24.0	87.8
NH_4^+-N/（mg/L）	120.2	14.5	87.9
有机负荷（BOD_5）/[g/（m^2·d）]	11.5	—	—

4.4.4 地表漫流系统

4.4.4.1 特点与性能

地表漫流处理系统（图 4-9）是将污水有控制地投配到生长多年生植物、坡度和缓、土壤渗透性较差的土地上，污水以薄层方式沿土地坡面缓慢流动，在流动的过程中得到净化。净化出水大部分

以地面径流汇集、排放和利用。该系统在低水平预处理的情况下可得到净化效果较好的出水并以地表径流收集出水，是污水利用率高和对地下水影响最小的处理工艺。

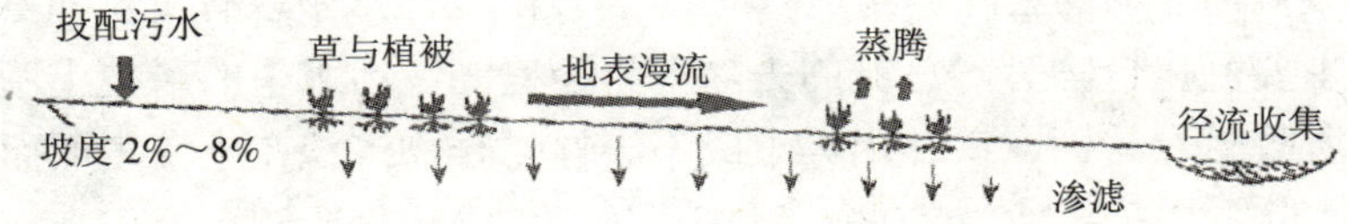

图 4-9 地表漫流系统示意图

地表漫流处理系统是以处理污水为主，兼行生长牧草的污水土地处理与利用工艺。这种工艺对预处理程度要求低，地表径流收集处理水，对地下水的污染较轻。在污水地表漫流的过程中。只有少部分水量蒸发和渗入地下，大部分汇入建于低处的集水沟。

地表漫流处理系统适用于透水性差的土壤，如黏土和亚黏土（或场地 0.3～0.6m 深的地面下有弱透水隔层），所用田块的最佳坡度为 2%～8%。该系统进水须经适当的预处理，如格栅、筛滤等，其出水水质则相当于传统的生物处理的出水水质。

4.4.4.2 预处理和进水要求

进入地表漫流系统进行处理的污水需要适当的预处理，以去除污水中的油脂、沉沙与沙砾等物质以免堵塞坡田、土壤孔隙及系统孔口和阀门。进水的 pH 应该控制在 6～9；含盐量须控制在 3 000mg/L 以内。对于农村生活污水的处理，其预处理程度可分为：

（1）初级处理，如格栅、沉沙、隔油等；

（2）一级处理，如沉淀、水解酸化；

（3）二级处理，主要指生物处理或稳定塘处理。

4.4.4.3 污水处理效果

地表漫流处理系统对悬浮固体浓度 SS、有机物、营养素、微量污染物及病原体均有很强的去除能力。当投配污水以薄层形式流经坡面时，由于流速低、水层薄，颗粒状有机物及 SS 由于截留、沉淀而被去除；通过地表及作物形成的生物膜对溶解性有机物进行生物降解而去除；通过生物硝化-反硝化应对氮化合物进行去除。一般氮化合物的去除率约达 70%，若投配的污水中以有机氮和氨氮为主要氮化合物时，总氮的去除率将会提高；污水中的磷被土壤胶体所吸附并与钙、铁、铝等生成不溶性化合物沉积在土壤表面而得到去除，去除率约为 50%；系统通过沉淀及土壤吸附、离子交换去除微量元素。此外，还能通过沉淀、土壤和作物的阻截、过滤、吸附、阳光照射等而将污水中的病原体去除。

4.4.4.4 地表漫流系统设计

地表漫流系统的重要设计参数为：水力负荷率 L_w、投配时间 P、投配频率 D、投配率 q、坡面坡度和坡田长度 L 等。

1）水力负荷率 L_w

水力负荷率是投配到单位土地面积上的污水量，单位为 m^3/（万 $m^2 \cdot d$）或 cm/d，其受投配污水中的有机物浓度、氮化合物浓度、当地气候及净化要求等因素所制约。污水经初级处理的水力负荷率通常为 2cm/d；经一级处理时，L_w 约为 3cm/d；经稳定塘处理时，L_w 约为 3cm/d；经生物处理时，L_w 约为 4cm/d。

2）投配时间 P

当地表漫流系统全天接纳污水时，P=24h/d；当不接纳全天污水时，则不投配污水的时间为 24h/d－P，在此时间产生的污水应进行贮存。

3）投配频率 D

投配频率指每周投配污水的天数。当投配频率为 7d/周时，系统所需要的贮存水量最大。

4）投配率 q

投配率指投配到单位坡面宽度的污水量，单位为 m^3/（$m \cdot h$），其经验值如表 4-9 所示。

表 4-9　地表漫流系统污水投配率经验值

预处理方式	寒冷气候		正常气候		温暖气候	
	m^3/（m・h）	cm/d	m^3/（m・h）	cm/d	m^3/（m・h）	cm/d
一级处理	0.07～0.1	2	0.16～0.25	3～5	0.25～0.37	5～7
稳定塘	0.08～0.1	2	0.16～0.33	3～6	0.33～0.40	6～8
二级处理	0.16～0.2	4	0.20～0.33	4～6	0.33～0.40	6～8

5）坡度

漫流田必须有一定的坡度，才能使污水能够缓慢而均匀地沿坡长流动，一般为 2%～8%。

6）坡面长度 *L*

漫流田坡面的长度一般以 30～60m 为宜。L_w、P、q 以及 L 之间的关系，可以用下式表示：

$$L_w=100qP/L$$

式中：q 一般采用 0.03～0.25 m^3/（m・h）。

地表漫流系统设计参数参考值如表 4-10 所示。

表 4-10　地表漫流系统设计参数参考值汇总表

预处理方式	水力负荷/（cm/d）	投配率/m^3/（m・h）	投配时间/（h/d）	投配频率/（d/周）	坡面长度/m
格栅	0.9～3.0	0.07～0.12	8～12	5～7	36～45
沉淀池	1.4～4.0	0.08～0.12	8～12	5～7	30～36
稳定塘	1.3～3.3	0.03～0.10	8～12	5～7	45
生物法	2.8～6.7	0.10～0.20	8～12	5～7	30～36

7）所需土地面积

地表漫流田坡面积计算可按下式计算：

$$A=QL/10^4qP$$

式中：A——坡面面积，10^4m^2；

Q——投配的污水量，m^3/d；

L——坡田长度，m；

q——投配率，m^3/（m・d）；

P——投配时间，h/d。

4.4.4.5 植物作用及选择原则

植物是地表漫流系统的重要组成部分，通常在坡面上种植多年生、耐水、适合气候条件的牧草。坡田上生长着茂盛的牧草，可以减缓水沿地表流动的速度，增加水流在坡面上的滞留时间，促进SS沉淀去除，并可以防止地表土壤流失。植物根部附近及表层土壤存活着大量活性很强的微生物，可形成生物膜，能对污水中的有机物的去除剂氮化合物的硝化-反硝化起重要作用。此外，坡面上生长的作物既可以收获并利用，又可以绿化和美化天地、改善生态环境。牧草宜选择种植和休眠时间错开的种类，以保证漫流处理系统的常年不间断运行。

4.4.4.6 应用实例

北京市昌平县污水地表漫流系统的运行效果如表 4-11 所示。该工程处理规模约 600m³/d，所处理污水中 30%为生活污水，其他为工业污水，选用高羊茅草、黑麦草和芦苇等混合种植。从表 4-11 的系统运行结果来看，地表漫流系统对各种常规污染物均有较好的去除效果，可以看出，该系统的污水处理能力较强。

表 4-11 北京昌平地表漫流系统设计参数参考值汇总表

项目指标	进水均值	出水均值	去除率/%
pH	7.6	7.3	—
BOD/（mg/L）	131.0	19.8	84.8
COD/（mg/L）	535.0	107.0	80.2
SS/（mg/L）	201.0	18.4	90.9
TOC/（mg/L）	87.7	25.0	71.5
TN/（mg/L）	12.7	4.8	61.6
NH_4^+-N/（mg/L）	5.2	2.4	53.0
PO_4^{3-}/（mg/L）	0.5	0.3	40.0
细菌数/（个/L）	1.25×10^7	7.51×10^5	94.0
粪大肠杆菌数/（个/L）	8.52×10^4	＜6.4	99.9

4.5 污水土地处理的优缺点

近年来，污水土地处理的观念发生了很大变化。在这之前很少或根本没有考虑到土地对污水的净化能力，也没有考虑充分利用其中的水肥资源，主要把土地作为污水的受纳体。目前污水土地处理系统工作并不是盲目的、被动的，和污水的机械处理一样，经过合理设计是可以达到预定目标的。其实，这种变化还没有使土地处理方法得以广泛应用。这就间接说明了污水土地处理系统的工作既有积极的一面，又有消极的一面。

1）土地处理系统的优点

其优点主要体现于四个方面：土地处理成本低廉；污水处理与农业相结合，充分利用水肥资源；节省能源；净化过程属自然过程。

土地处理系统的花费包括：基建费用、运转和维修费用三个方面。在许多地区，土地处理的总花费比其他方法少。基建费用主要决定于土地价格和污水输送距离之远近，如果该系统需要对污水进行预处理，基建费用还包括预处理的花费。运转和维修保养费用决定于系统类型和污水的输送费用，一般是相当低的。1976 年在美国密执安州马斯基根市的调查表明，除了一个大型污水初级处理系统外，污水土地处理系统的总花费比其他任何系统都低。马斯基根市的污水土地处理系统属慢速渗滤系统能充分利用水肥资源是其显著优点。在干旱半干旱地区（如墨西哥）用污水灌溉作物的好处已为人们所认识。因为城市污水和某些工业污水中含有氮和磷，它们是作物生长发育所需要的营养元素，所以污水灌溉有其显著的经济意义。污水中的养分对作物生长的有益影响在过去几年中有许多研究。污水中除含有主要营养元素外，还含有其他对作物生长有益的元素。

近几年，人们认识到能源的重要性，并且尽可能地减少能耗。普遍认为，污水的土地处理比机械处理节省能源。但是，到目前为止，对这个问题还没有全面的研究。人们说它节省能源，不仅指它运转耗能少，而且还指建设所需材料少和需加入化学品。应该承认，就其能量总输入来说，对污水进行土地处理是划算的。要讨论的最后一个优点是一个不能被定量的因素。许多土地处理的支持者确信，污水土地处理是一个自然过程。靠自然环境的稀释和净化，而不像有些人工处理系统。老的污染消除不多，却又产生了新的污染，这也是污染日趋严重的一个原因。因此，从环境角度考虑，它更易被接受。为了提高环境质量，在社区周围开辟绿地、广场和各种各样的娱乐游览区，这也为土地处理提供了场所。实际上，有的地区（如美国加利福尼亚）将经处理后达到一定标准的污水用于公园、高尔夫场地和运动场地的灌溉以及娱乐观赏湖泊的补充用水。有害污水不经预处理不能直接施加于土地上。

2）土地处理系统的缺点

其缺点主要有三个方面：恶化公共卫生状况；副作用的长期性；占用土地资源。

城市污水的土地处理可能导致环境卫生状况的恶化，可以传播许多水为媒体的疾病。产生这些副作用的主要根源是病原体、重金属和有机毒物。病原体包括细菌、病毒、寄生虫等。对于病原体，人们关心的是它们在空气、土壤、作物和地下水中的作用的归宿。病原体传播的主要途径是：与污水的直接接触，病原体附着在气溶腔微粒上四处飞溅，借助食物链和饮用污染的水源。

污水中的重金属也受到关注。因为它可被作物吸收，进入食物链，最终进入人体。人也担心重金属在土壤中积累，以致达到对作物有害的程度，并且可能进入地下水，因为污水中的大部分重金属存在于污泥中，所以施用污泥人们更为忧虑重金属问题。

近几年，人们才注意到污水和污泥中有机毒物对环境的危害。有些化合物或被人们怀疑或已证实能引起生物突变和致癌。因此，人们十分关心这些有机物在土地处理系统中迁移转化规律，对食物链的影响和对地下水污染的可能性等问题。

对一些工作多年的土地处理系统，人们担心其对环境的长期影响。因为金属元素、有机物和无机盐类在土壤中的积累可对土壤造成永久性危害，即使污水土地处理系统已经停止，但它对污水处理场所造成的危害是永久性的、不可逆的。污水土地处理对地下水的污染也可能维持很长时间，因为只有自然过程才能恢复其水质，但这个过程是极其缓慢的。

土地处理系统需要占用大面积的土地，这也是它的一个缺点。占用土地面积的大小不仅决定于系统的规模，而且还决定于系统的类型。慢速渗滤需要土地面积最大，当施用进水流量为 3 785m^3/d 时，约需要 227hm^2 土地；而快速渗滤仅需要 0.8hm^2 的土地；漫流系统需要的土地面积介于二者之间。尽管快速渗滤所需土地面积不大于机械处理。但在某些地区，慢速渗滤占用大面积土地却是一个问题。

由于人们对土地处理系统缺乏了解，或自己的切身利益受到冲击，或对新的或不同观念的抗拒心理，以及人们受风俗习惯的限制。一般来说，公众对污水土地处理持消极态度但要作出合理的决定，就必须使群众及时了解土地处理各方面的情况，同时又准确全面地掌握公众对土地处理的意见，科技界也应该积极地配合。

第 5 章　稳定塘处理技术

5.1 稳定塘的概念和发展

稳定塘也称氧化塘或生物塘，是经过适当修整的土地，设围堤和防渗层的污水池塘，主要利用天然净化能力对污水进行处理的构筑物的总称。其净化过程与自然水体的自净过程相似。主要利用菌藻的共同作用处理污水中的有机污染物，藻类在阳光照射下进行光合作用，固定 CO_2，摄取氮、磷等营养物质，同时释放出氧，供水中微生物降解有机质，两者相互促进（图 5-1）。稳定塘的处理负荷较小，占地面积大，因此在土地资源相对丰富的农村地区具有良好的应用前景。

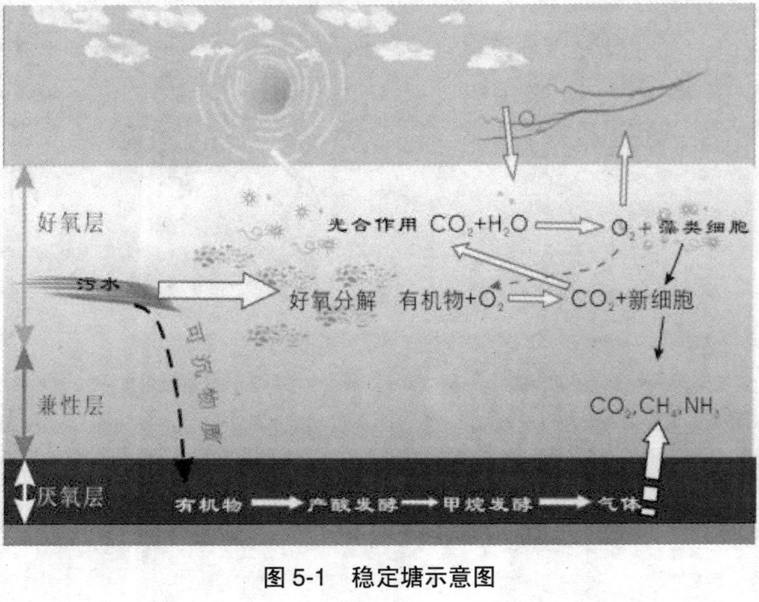

图 5-1　稳定塘示意图

稳定塘用于处理污水已经有超过 3 000 年的历史。世界上第一个有记录的塘系统是美国于 1901 年在得克萨斯州修建的。目前，全世界已经有 60 多个国家在使用稳定塘系统，其中法国有稳定塘近 2 000 座，德国 3 000 余座，美国已有稳定塘 2 万余座。在发展中国家，稳定塘的应用也比较广泛。例如，马来西亚工业废水总量的 50%都是利用稳定塘进行处理的。

由于稳定塘具有经济节能并能实现污水资源化等特点，所以受到我国政府的高度重视，在我国发展也很快，北起黑龙江的嫩江地区，南至海南省的海口市，东起上海，西至新疆都有不同类型的稳定塘。我国利用稳定塘处理污水的研究始于 20 世纪 50 年代。我国政府对稳定塘一直采取鼓励扶植的措施。环境保护部曾拨款 300 万元，资助齐齐哈尔对稳定塘进行了改建和扩建。到目前为止，我国已经建成稳定塘成百上千座，日处理污水量上千万吨。

目前，稳定塘除了用于处理中小城镇的生活污水之外，还被广泛用来处理各种工业废水，此外，由于稳定塘可以构成复合生态系统，而且塘底的污泥可以用作高效肥料，所以稳定塘在农业、畜牧业、养殖业等行业的污水处理中也得到了越来越多的应用。特别是在我国西部农村地区，人少地多，稳定塘技术的应用前景非常广泛。

5.2 稳定塘的处理原理

污水稳定塘属于生物处理设施，稳定塘净化污水的原理与自然水域的自净机理十分相似，污水在塘内停滞的过程中，水中的有机物通过好氧微生物的代谢活动被氧化，或经过厌氧微生物的分解而达到稳定化。好氧微生物代谢所需要的溶解氧由塘表面的大气复氧作用以及藻类的光合作用提供，也可以通过人工曝气供氧。

5.2.1 稳定塘内各种物质的迁移与转化

在稳定塘生态系统中，各种物质不断地进行迁移和转化，其中主要的是：碳、氮及磷的迁移转化和循环；碳的转化与循环；氮的转化及循环；磷的转化及循环（图 5-2）。

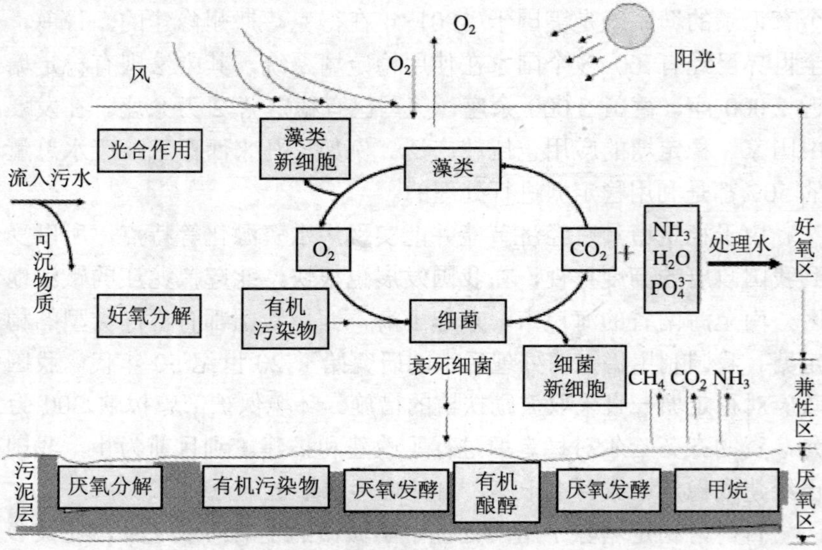

图 5-2 稳定塘生态系统示意图

5.2.2 稳定塘对污水的净化作用

1）稀释作用

污水进入稳定塘后，在风力、水流以及污染物的扩散作用下，与塘内已有塘水进行一定程度的混合，使进水得到稀释，降低了其中各项污染物指标的浓度。稀释作用是一种物理过程，稀释作用并没有改变污染物的性质，但却为能进一步净化污水创造了有利条件。

2）沉淀和絮凝作用

污水进入稳定塘后，由于流速降低，其所挟带的悬浮物质，在重力作用下，沉于塘底。使污水的 SS、BOD_5、COD_{Cr} 等各项指标都得到降低。在稳定塘的塘水中含有大量的生物分泌物，这些物质一般都具有絮凝作用，在其作用下，污水中的细小悬浮颗粒产生了絮凝作用，小颗粒积聚成大颗粒，沉于塘底成为沉积层。沉积层则通过厌氧分解进行稳定。

3）水生植物的作用

在稳定塘内种植的水生植物有 3 种：浮水植物、沉水植物、挺水植物。这些水生植物能够提高稳定塘对有机污染物和氮、磷等无机营养物的去除效果。

4）微生物代谢作用

在稳定塘内，污水净化最关键的作用仍然是在好氧条件下，异氧型好氧菌和兼性菌对有机污染物的代谢作用，当稳定塘内生态系统处于良好的平衡状态时，细菌的数目能够得到自然的控制。当采用多级稳定塘系统时，细菌数目随着级数的增加而逐渐减少。稳定塘中好氧微生物的代谢作用对有机物去除率很高，BOD_5 可去除 90% 以上，COD_{Cr} 去除率也可达 80%。

在兼性塘的塘底沉积层和厌氧塘内，不含溶解氧，厌氧细菌可以存活，并对有机物进行厌氧发酵分解，这也是稳定塘净化作用的一部分。厌氧发酵经历三个阶段，即水解阶段、产氢产乙酸阶段和产甲烷阶段。最终主要产物是 CH_4 和 CO_2 以及硫醇等。因此，可以说在稳定塘内，有机污染物在好氧微生物、兼性微生物以及厌氧微生物协调作用下，得以去除。

5）浮游生物的作用

在稳定塘内存活着多种浮游生物，它们从各自不同方面对稳定塘的净化功能发挥着作用。

藻类的主要功能是供氧，同时也能去除一部分的氮和磷。

原生动物、后生动物及枝角类浮游动物在稳定塘内的只要功能是吞食游离细菌和细小的悬浮状污染物和污泥颗粒，使污水进一步澄清。此外，它们的分泌物还有絮凝作用。

底栖动物摄取污泥层中的藻类和细菌，可使污泥层中污泥数量减少。

放养的鱼类活动也有助于水质的净化，各种生物处于同一生物链中互相制约，它们的动态平衡有利于水质净化。

5.3 稳定塘的主要类型

稳定塘按照占优势的微生物种属和相应的生化反应，可分为好氧塘、兼性塘、曝气塘和厌氧塘四种类型。

1）好氧塘

好氧塘是一种主要靠塘内藻类的光合作用供氧的氧化塘。它的水深较浅，一般为 0.3～0.5m，阳光能直接射透到池底，藻类生长旺盛，加上塘面风力搅动进行大气复氧，全部塘水都呈好氧状态。

按照有机负荷的高低，好氧塘可分为高速率好氧塘、低速率好氧塘和深度处理塘。高速率好氧塘用于气候温暖、光照充足的地区处理可生化性好的工业污水，可取得 BOD_5 去除率高、占地面积少的效果，并副产藻类饲料。低速率好氧塘是通过控制塘深来减小负荷，常用于处理溶解性有机污水和城市二级处理厂出水。深度处理塘（精制塘），主要用于接纳已被处理到二级出水标准的污水，因而其有机负荷很小。

2）兼性塘

兼性塘的水深一般在 1.5～2m，塘内好氧和厌氧生化反应兼而有之。在上部水层中，白天藻类光合作用旺盛，塘水维持好氧状态，其净化极力和各项运行指标与好氧塘相同；在夜晚，藻类光合作用停止，大气复氧低于塘内耗氧，溶解氧急剧下降至接近于零。在塘底，由可沉固体和藻、菌类残体形成了污泥层，由于缺氧而进行厌氧发酵，称为厌氧层。在好氧层和厌氧层之间，存在着一个兼性层。

兼性层是氧化塘中最常用的塘型，常用于处理城市一级沉淀或二级处理出水。在工业污水处理中，常在曝气塘或厌氧塘之后作为二级处理塘使用，有的也作为难生化降解有机污水的贮存塘和间歇排放塘（污水库）使用。由于它在夏季的有机负荷要比冬季所允许的负荷高得多，因而特别适用于处理在夏季进行生产的季节性食品工业污水。

3）曝气塘

为了强化塘面大气复氧作用，可在氧化塘上设置机械曝气或水力曝气器，使塘水得到不同程度的混合而保持好氧或兼性状态。曝气塘有机负荷和去除率都比较高，占地面积小，但运行费用高，且出水悬浮物浓度较高，使用时可在后面连接兼性塘来改善最终出水水质。

4）厌氧塘

厌氧塘的水深一般在 2.5m 以上，最深可达 4～5m。当塘中耗氧超过藻类和大气复氧时，就使全塘处于厌氧分解状态。因而，厌氧塘是一类高有机负荷的以厌氧分解为主的生物塘。其表面积较小而深度较大，水在塘中停留 20～50d。它能以高有机负荷处理高浓度污水，污泥量少，但净化速率慢、停留时间长，并产生臭气，出水不能达到排放要求，因而多作为好氧塘的预处理塘使用。

以上四类氧化塘的主要性能分别列于表 5-1。

表 5-1　各类稳定塘的主要性能

塘型	好氧塘	兼性塘	曝气塘	厌氧塘
典型 BOD 负荷/[g/（m^2·d）]	8.5～17	2.2～6.7	8～32	16～80
常用停留时间/d	3～5	5～30	3～10	20～50
水深/m	0.3～0.5	5～30	3～10	20～50
BOD_5去除率/%	80～95	50～75	50～80	50～70
出水中藻类质量浓度/（mg/L）	＞100	10～50	0	0
主要用途及优缺点	一般用于处理其他生物处理的出水。出水中水溶性BOD_5浓度低，但藻类固体受到限制	常用于处理城市原污水及初级处理、生物滤池、曝气塘或厌氧出水。运行管理方便，对水量、水质变化的适应能力强，是氧化塘中最常用的池型	常接在兼性塘后，用于工业污水处理。易于操作维护，塘水混合均匀，有机负荷和去除率较高	用于高浓度有机污水的初级处理，后接好氧塘可提高出水水质。污泥量少，有机负荷高。但出水质差，并产生臭气

表 5-1 中各项性能均受控于阳光辐射值、温度、养料及毒物等多种因素。因此，其具体数值也因纬度高低、气象条件和水质状况的不同而异。

5.4 稳定塘的优缺点

5.4.1 稳定塘的优势

1）能充分利用地形，结构简单，建设费用低

采用污水处理稳定塘系统，可以利用荒废的河道、沼泽地、峡谷、废弃的水库等地段建设结构简单，大都以土石结构为主，在建设土地具有施工周期短，易于施工和基建费低等优点。污水处理与利用生态工程的基建投资为相同规模常规污水处理厂的1/3～1/2。

2）可实现污水资源化和污水回收及再用，实现水循环

既节省了水资源，又获得了经济收益。稳定塘处理后的污水，可用于农业灌溉，也可在处理后的污水中进行水生植物和水产的养殖。将污水中的有机物转化为水生作物、鱼、水禽等所需的营养物质，提供给人们使用或其他用途。如果考虑综合利用的收入，可能到达收支平衡，甚至有所盈余。

3）处理能耗低，运行维护方便，成本低

风能是稳定塘的重要辅助能源之一，经过适当的设计，可在稳定塘中实现风能的自然曝气充氧，从而达到节省电能降低处理能耗的目的。此外，在稳定塘中无须复杂的机械设备和装置，这使稳定塘的运行更能稳定并保持良好的处理效果，而且其运行费用仅为常规污水处理厂的1/5～1/3。

4）美化环境，形成生态景观

将净化后的污水引入人工湖中，用作景观和游览的水源。由此形成的处理与利用生态系统不仅将成为有效的污水处理设施，而且将成为现代化生态农业基地和游览的胜地。

5）**污泥产量少**

稳定塘污水处理技术的另一个优点就是产生污泥量小，仅为活性污泥法所产生污泥量的 1/10，前端处理系统中产生的污泥可以送至该生态系统中的藕塘或芦苇塘或附近的农田，作为有机肥加以使用和消耗。前端带有厌氧塘或兼性塘系统通过其底部的污泥发酵坑使污泥发生酸化、水解和甲烷发酵，从而使有机固体颗粒转化为液体或气体，可以实现污泥等零排放。

6）**能承受污水水量大范围的波动，其适应能力和抗冲击和能力强**

BOD_5 浓度很小，低于 100mg/L 时，是活性污泥法使用后氧化沟无法正常运行，而稳定塘不仅能够有效地处理高浓度有机物水，也可以处理低浓度污水。

5.4.2 存在问题以及解决方法

1）**占地面积大**

传统的稳定塘或塘系统的主要不足是水力停留时间较长、占地面积大，因而在土地缺少或地价昂贵的地区，直接限制了其推广使用。解决水力停留时间长是解决稳定塘占地面积大问题的关键。污水在稳定塘内的停留时间主要取决于去除率 E 及有机污染物的降解速度常数 K。我们可以通过采用人工曝气装置向塘内污水供氧，并使塘水搅动，较大程度地增加塘水溶解氧，提高微生物对有机污染物降解速率，使 K 值得到提高。从而，污水在曝气塘内的停留时间短，曝气塘所需容积及占地面积得以减小。但由于采用人工曝气措施，耗能增加，运行费用也有所提高。

如果选择合适的充氧设备，如桨板轮搅拌，不仅耗能低，且可以提供较好的净化效果。另外，也可采取在稳定塘内填置人工制造的、附着生长介质（填料）的办法。该系统因置入介质，可以延长塘内生物链结构，增加塘内微生物数量，提高对有机物的氧化降解率，大大缩短水力停留时间，从而减少占地。另外，它还具有可减少污泥生成量、提高耐冲击负荷等优点。

2）底泥淤积严重

污水中的可沉悬浮物能够在塘内沉淀，并在塘底形成污泥沉积层。沉积层内的污泥虽可经厌氧发酵反应得以降解，但这种降解过程缓慢，沉积速率大于降解速率，沉积层将逐渐增厚，造成底泥淤积。影响稳定塘积泥速率的因素很多，研究表明：污水中较高的可沉性悬浮固体浓度及较低的 VSS/SS 值，是导致稳定塘积泥快的主要原因。

因此，污水进入稳定塘之前进行以去除悬浮固体为主的预处理，是确保稳定塘系统正常运行的重要环节，是避免污泥过量积累的重要措施（但在厌氧塘前无须考虑预处理措施）。目前，国内大多数稳定塘由于预处理不当或根本无预处理，使运行过程中底泥淤积严重，以致塘有效容积急剧减小或塘失效。

3）渗漏

稳定塘需要良好的止水，止水的主要目的是防止渗漏。稳定塘若防渗处理不当，将污染地下水，形成二次污染，使地下水位升高，引起土壤盐碱化，影响稳定塘的使用寿命。防渗良好的稳定塘的设计和建造是现代稳定塘的标志。

目前，稳定塘防渗多采用浆砌片石混凝土护砌，但工程造价较高。防渗措施有很多种，大体上分以下三大类：合成防渗材料和措施，如塑料（或橡胶）；土和水泥混合防渗材料和措施；自然的和化学处理防渗方法和措施。在稳定塘防渗工程施工中，若采用水泥土修筑，塘内水深在 4.5m 以下时，技术安全可靠、防渗性能好、边坡陡，且具有占用土地少、寿命长、造价比混凝土浆砌片石低、施工方便的优点。该技术在沧州市稳定塘防渗处理工程施工中被采用，证明是一种效果好、投资省的新措施。

4）除藻

稳定塘是菌藻共生体系，藻类在稳定塘中起着十分重要的作用。藻类具有叶绿体，含有叶绿素或其他色素，能够借这些色素进行光合作用，是塘水中溶解氧的主要提供者。污水中部分有机污染物被藻降解，生成新的藻类，藻是 C、N、P 的聚集者。生成的藻类（也是有机体）的数量，可能大于流进的有机污染物的数量，衰亡的藻类将形成污泥层。因此，塘中若含有大量的藻类，需进行除藻处理。稳定塘除藻问题是一项待解决的问题。在稳定塘内养鱼，通过养鱼使塘水中的藻类为浮游生物的食料，浮游生物又是鱼类的良好饵料，这样在塘水中就形成藻类—动物性浮游生物—鱼这一生态系统与食物链，这不失为既除藻又取得一定经济效益的好方法。另外，还须控制进水中氮、磷的含量，防止藻类的大量生成，避免形成富营养化现象。

5）低温的不良影响

稳定塘是以菌藻共生系统对污水进行自然净化的工程设施。温度直接影响细菌和藻类的生命活动，因而温度对稳定塘净化功能的影响是十分重要的。塘内水温低，微生物的代谢速率降低，生物降解功能低下，净化功能下降。当水温低于 12℃时，处理效果急剧下降。影响塘内水温高低的有关因素很多如气温，塘内水温和气温成正比，因而世界上寒冷地区或寒冷的冬季稳定塘运行成为问题。解决低温的不良影响具有重要意义。

前苏联专家设计了一种强化藻类净化塘，即在塘内投加特异微型藻类，这种藻类不被轮虫和其他原生动物所吃掉。气温较高时，污水在强化藻塘内得到净化；气温低的冬季，把污水贮存在深达 5～6m 的贮存塘里，冬末夏初污水排出前，由于放入了大量的特异微型藻类复合物，复氧过程剧烈，塘内厌氧过程急剧向需氧过程转化，污水在菌藻作用下得到净化。因水温较低，净化过程很缓慢，一般需 10～14d。我国北方地区稳定塘可以借鉴这一技术。在温暖地带气温随季节性变化，需考虑冬季低温不良影响。根据温带气温特点，以温暖季节作为不利条件来设计稳定塘，在冬季进行人工强化措施即进行冬季间歇曝气，将曝气器放在流程的下游，突破了其放在稳定塘之首的常规，因而具有氧化塘自净和曝气塘强化净化特征。冬季间歇曝气，补充了藻类供氧不足，缓解了冬季低温的影响，有效抵御温度突降冲击。

5.5 稳定塘的设计和运行管理

5.5.1 塘体设计

一般规定稳定塘的塘体用料应就地取材，利用旧河道、池塘、洼地等。稳定塘单塘宜采用矩形塘长宽比不应小于3∶1～4∶1。修建稳定塘当水力条件不利时宜在塘内设置导流墙堤。此外还要对塘体的堤岸应采取防护措施。

5.5.2 堤坝设计

堤坝宜采用不易透水的材料建筑，土坝应用不易透水材料作心墙或斜墙。土坝的顶宽不宜小于 2m，石堤和混凝土堤顶宽不应小于 0.8m。当堤顶允许机动车行驶时其宽度不应小于 3.5m。土堤迎水坡应铺砌防浪材料宜采用石料或混凝土。在设计水位变动范围内的最小铺砌高度不应小于1.0m。土坝、堆石坝、干砌石坝的安全超高应根据浪高计算确定不宜小于0.5m。坝体结构应按相应的永久性水工构筑物标准设计。坝的外坡设计应按土质及工程规模确定土坝外坡坡度宜为 4∶1～2∶1，内坡坡度宜为 3∶1～2∶1。塘堤的内侧应在适当位置（如进出水口处）设置阶梯平台。

5.5.3 塘底设计

塘底应平整并略具坡度，倾向出口。当塘底原土渗透系数 K 值大于0.2m/d时应采取防渗措施。

5.5.4 进、出水口设计

进、出水口宜采用扩散式或多点进水方式。出水口应设置挡板，潜孔出流。进水口至出水口的水流方向应避开当地常年主导风向，宜与主导风向垂直。

5.5.5 附属设施

稳定塘附属设施应包括输水设施、充氧设备、计量设备和生产生活辅助设施。生产、生活辅助设施的设计可参照现行的行业标准《城镇污水处理厂附属建筑和附属设备设计标准》的规定。

1）输水

稳定塘的输水设施应包括输水管渠、泵站及闸、阀。输水可用暗管或明渠，在人口稠密区宜采用管道输水。邻塘之间的连通，宜采用溢流坝、堰、涵闸或管道。塘系统出水量较大且跌落较高时，其出水口应设消力坎或消力池。

2）跌水

跌水在多塘系统中前后两塘有 0.5m 以上水位落差时，连通口可采用粗糙斜坡或阶式跌水曝气充氧。

3）计量

稳定塘系统应在入流处和出流处安装计量装置。

第 6 章　活性污泥法处理技术

活性污泥法是当前污水处理领域中应用最广泛的技术之一。它可以从污水中去除溶解的和胶体的可生物降解有机物以及能被活性污泥吸附的悬浮固体和其他一些物质，氮、磷也可以被部分去除。

英国人克拉克（Clark）和盖奇（Gage）于 1912 年发现对废水进行长时间曝气会产生污泥并使水质明显改善，其后阿尔敦（Arden）和洛凯特（Lockett）进一步研究，发现由于实验容器洗不干净，瓶壁留下残渣反而使处理效果提高，从而发现活性微生物菌胶团，定名为活性污泥。1916 年英国建成第一座污水处理厂。

活性污泥法既适用于大流量的污水处理，也适用于小流量的污水处理。运行方式灵活，日常运行费用较低，这些条件有利于活性污泥法在农村地区的推广，但基建投入大，管理要求高则阻碍其在农村地区的大范围利用，更适合经济条件较好的农村地区。

6.1 活性污泥法的原理

活性污泥法是以活性污泥为主体的污水生物处理技术。向生活污水注入空气进行曝气，每天保留沉淀物，更换新鲜污水。这样，在持续一段时间后，在污水中即形成一种呈黄褐色的絮凝体。这种絮凝体主要是由大量繁殖的微生物群体所构成，它易于沉淀与水分离，并使污水得到净化、澄清。这种絮凝体就是称为“活性污泥”的生物污泥。

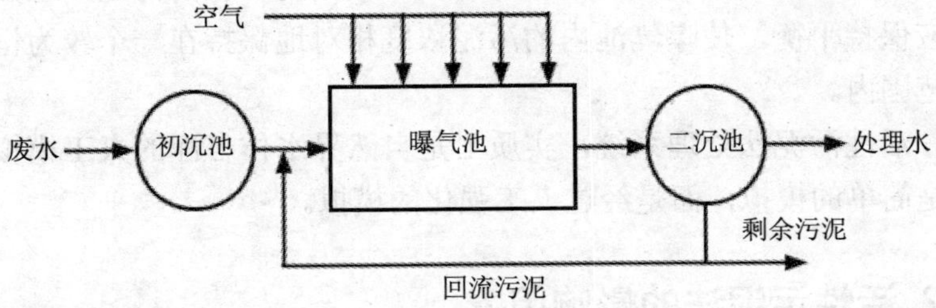

图 6-1　活性污泥处理系统示意图

图 6-1 为活性污泥法处理系统的基本流程。系统是以活性污泥反应器——曝气池作为核心处理设备，此外还由二次沉淀池、污泥回流系统和曝气与空气扩散系统所组成。

在投入正式运行前，在曝气池内必须进行以污水作为培养基的活性污泥培养与驯化工作。

经初次沉淀池或水解酸化装置处理后的污水从一端进入曝气池，与此同时，从二次沉淀池连续回流的活性污泥，作为接种污泥，也于此同步进入曝气池。

此外，从空压机站送来的压缩空气，通过干管和支管的管道系统和铺设在曝气池底部的空气扩散装置，以细小气泡的形式进入污水中，其作用除向污水充氧外，还使曝气池内的污水、活性污泥处于剧烈搅动的状态。活性污泥与污水互相混合、充分接触，使活性污泥反应得以正常进行。这样，由污水、回流污泥和空气互相混合形成的液体，称为混合液。

活性污泥反应进行的结果，污水中的有机污染物得到降解、去除，污水得以净化，由于微生物的繁衍增殖，活性污泥本身也得到增长。

经过活性污泥净化作用后的混合液由曝气池的另一端流出进入二次沉淀池，在这里进行固液分离，活性污泥通过沉淀与污水分离，澄清后的污水作为处理水排出系统。经过沉淀浓缩的污泥从沉淀池底部排出，其中一部分作为接种污泥回流曝气池，多余的部分则作为剩余污泥排出系统。剩余污泥与在曝气池内增长的污泥，在数量上应保持平衡，使曝气池内的污泥浓度相对地保持在一个较为恒定的范围内。

活性污泥法处理系统，实质上是自然界水体自净的人工模拟，不是简单的模拟，而是经过人工强化的模拟。

6.2 活性污泥法的影响因素

和所有的生物相同，活性污泥微生物只有在对它适宜的环境条件下生活，它的生理活动才能得到正常的进行，活性污泥处理技术就是人为地为微生物创造良好的生活环境条件，使微生物以对有机物质降解为主体的生理功能得到强化。

能够影响微生物生理活动的因素较多，其中主要的有：营养物质、pH、温度、溶解氧的含量以及某些有毒物质等极大地影响着好氧生物处理系统的运行及净化功能。

1）营养物质

污水中各种营养物质的量及比例影响着微生物的生长、繁殖，从而影响好氧生物处理系统的处理效果。细菌所需的营养元素分为两种：主要生物元素和次要生物元素。主要生物元素主要有 C、O、H、S、N、P、K、Mg、Ca、Fe 等，主要生物元素都占 0.5%以上；次要元素主要有 Zn、Mn、Na、Cl、Cu、B、Ni、Mo 和 Co 等。

在污水的生物处理中，营养物质的平衡是非常重要的，上述主要元素和次要元素都必须满足要求，而且比例必须适当，任何一种元素缺乏或比例失调都会影响微生物的代谢作用，影响活性污泥功能的正常发挥，从而影响污水的生物处理效果。

2）溶解氧的含量

溶解氧（DO）是影响好氧生物处理系统运行的主要因素之一。在污水好氧生物处理过程中，为了维持好氧微生物的代谢需求，需要向曝气池补充氧气，保证曝气池混合液中溶解氧浓度不小于 2mg/L。

当溶解氧的浓度不足时，轻则使好氧微生物的活性受到影响，新陈代谢能力减弱，出水中有机物浓度升高，反应器处理效率下降，若溶解氧严重不足时，厌氧微生物将会大量繁殖，反应器处理效率明显下降，影响出水的水质。因此，为使反应器内有足够的溶解氧，从外部供给，一般应该以2～4mg/L为宜，此时其沉降、絮凝效果好。

3）pH

由于pH的改变可能会引起细胞膜电荷的变化，从而影响微生物对营养物质的吸收和微生物代谢过程中酶的活性，会改变营养物质的供给性和有害物质的毒性，而且不利的pH条件不仅影响微生物的生长，还会影响微生物的形态，所以，在生物处理系统中，pH的大幅度改变会影响反应器的处理效率。

通常生活污水中含有一些缓冲物质，能够对pH的变化起到一定的缓冲作用，但这一缓冲作用是有限的，尤其是工业废水，缓冲物质含量较少，而且pH变化幅度较大，当超过微生物生长的最佳pH范围时，必须通过调节装置对pH进行调整，所以，在反应器的设计与运行时应重点考虑这个问题。

4）污水的温度

温度对好氧生物处理系统的影响是多方面的，水温的改变，会影响在生物体内所进行的许多生化反应，从而影响生物的代谢活动，另外，污水中温度的改变可引起其他环境因子的变化，从而影响微生物的生命活动，参与活性污泥生物处理过程的微生物多为嗜温菌，适宜的温度范围为10～45℃，通常设计的活性污泥法的温度范围为10～30℃。

5）有毒物质

许多有毒物质对活性污泥微生物具有一定的影响，例如，重金属离子对微生物产生毒性作用，它们可以和细胞中的蛋白质结合，使蛋白质变性或沉淀；有些有毒的有机物能促使菌体蛋白凝固，并能对某些酶系统进行抑制，破坏细胞的正常代谢，另外，有的有机物本身的杀菌能力很强。

6.3 活性污泥法新工艺

活性污泥处理系统，在当前污水处理领域，是应用最为广泛的处理技术之一。它有效地用于生活污水、城市污水和有机性工业废水的处理。但是，在当前活性污泥处理系统还存在某些有待解决的问题，如反应器——曝气池的池体比较度大，占地面积大、电耗高、管理复杂等。

近几十年来，有关生物处理专家和技术工作者为了解决活性污泥处理系统存在的这些问题，就活性污泥的反应机理、降解功能、运行方式、工艺系统等方面进行了大量的研讨工作，使活性污泥处理系统在净化功能和工艺系统方面取得了显著的进展。

在净化功能方面，专家们的工作致力于使活性污泥处理系统向多功能方向发展，改变以去除有机污染物为主要功能的传统模式。在脱氮、除磷方面取得了成果。

对系统的运行方式作适当调整，并将厌氧技术纳入，使活性污泥处理系统能够有效地进行硝化、反硝化反应，取得脱氮率达 80% 的效果。

对活性污泥技术，在工艺方面采取措施，能够使活性污泥微生物从周围环境各摄取远超出其本身生理所需要的磷，使活性污泥处理系统具有除磷的功能。

这样，对活性污泥处理系统突破了仅作为二级处理技术的传统观念，能够作为脱氮、除磷的三级处理技术。

在工艺系统方面，几十年来，开创了多种旨在提高充氧能力、增加混合液污泥浓度、强化活性污泥微生物的代谢功能的高效活性污泥处理系统。

应当说，活性污泥处理系统在工艺方面仍在发展，它在当前仍属于发展中的污水处理技术。

本节将对近年来在构造和工艺方面有较大发展，并在实际运行中效果得到肯定的 SBR、氧化沟以及 AB 法污水处理工艺等活性污泥处理新工艺，作简要介绍。

6. 3. 1　SBR

SBR 是序列间歇式活性污泥法（Sequencing Batch Reactor Activated Sludge Process）的简称，是一种按间歇曝气方式来运行的活性污泥污水处理技术。与传统污水处理工艺不同，SBR 技术采用时间分割的操作方式替代空间分割的操作方式，非稳定生化反应替代稳态生化反应，静置理想沉淀替代传统的动态沉淀。它的主要特征是在运行上的有序和间歇操作，SBR 技术的核心是 SBR 反应池，该池集调节池、初沉池、曝气池、二沉池于一体，无污泥回流系统。

6.3.1.1　SBR 的工艺流程

SBR 法的整个工艺流程（图 6-2）分为五个操作程序，组成一个循环，即：①进水；②反应；③沉淀；④排水、排泥；⑤闲置。

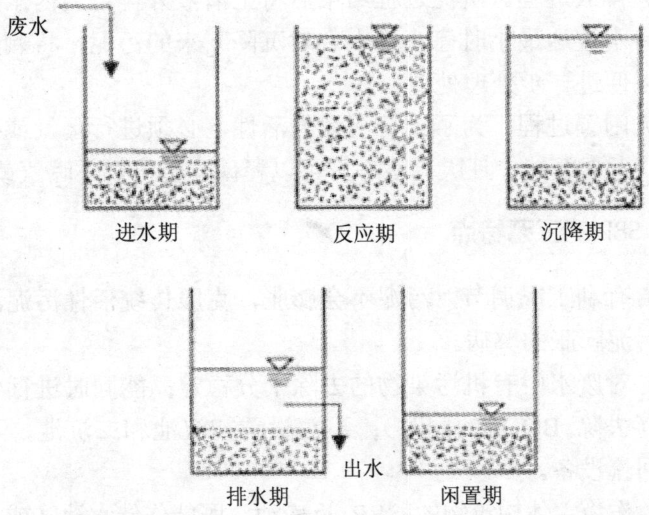

图 6-2　SBR 法运行示意图

一个循环接着一个循环的运行，周而复始，连续处理。SBR 工艺中除了曝气池外，不需要单独设置初沉池和二沉池及回流设施。

进水阶段，进水的量、水质的变化，对处理后的水质的变化影响不大，所以也不需要设置水量调节池。整个工艺看起来简单紧凑。

（1）进水过程。当污水进入反应器内，池内水位逐渐上升，到最高水位后停止进水。

（2）反应过程。如果进行曝气，则系统处于好氧状态，由好氧微生物对污水进行处理；如果进行搅拌，则处于缺氧状态；如果既不曝气又不搅拌，则处于厌氧状态。根据不同的处理要求，统筹考虑三种状态，从而可促进一些重要的生化反应，如好氧吸磷，反硝化脱氮等过程的进行。

（3）沉淀过程。停止曝气或搅拌，混合液中污泥通过重力沉降实现固液分离，澄清的上层净水待排除。由于静置沉淀，因此沉淀效率较高。

（4）排放过程。沉淀过程结束后将上清液外排，池内水位逐渐下降，待水位达最小时停止排水。对沉降下来的污泥，将剩余部分外排，以便进一步处理处置。

（5）闲置过程。为了维持污泥的活性，必须进行曝气或搅拌使其再生；考虑节能，且厌氧状态下可以释磷，也可以不曝气或搅拌。

6.3.1.2 SBR 的工艺特点

（1）有利工况调节，污泥不会膨胀，克服传统活性污泥法常易发生的污泥膨胀的弊病。

（2）对废水中有机污染物的去除十分稳定；能同时进行生物脱氮除磷（去除 BOD_5 的同时）；不需设置初沉池和二沉池，不需设置污泥回流设备。

（3）作为主体构筑物的 SBR 反应池，既能作储水池（或水量调节池），同时也是生物反应池（进行生物去除 BOD_5、COD、N 和 P），也是二沉池（去除 SS），是个具有多功能的构筑物。

（4）工艺过程能改善活性污泥的沉降性能，在静置状态下进行固液分离，高效，出水澄清质优，易于达到排放标准规定的水质要求。

（5）反应池容积比传统活性污泥法曝气池要小。整个工艺流程紧凑，基建投资省，占地面积小。

（6）承受冲击负荷能力强，可通过调控进水稀释倍数、运行周期（循环次数）、反应池容积，达到缓冲进水水量与水质高峰负荷的目的，故对高浓度废水的处理也有较好的处理效果。

6.3.1.3 进水浓度与 SBR 工艺运行的关系

进水稀释倍数，以 *m* 表示；1/*m* 为排出比，即意味着一次排出的水量和反应池进水结束后的混合液的容积比。

若运行周期数大，即每个循环周期的水力停留时间短，意味着进水稀释倍数小（*m* 小）；即排出比高，此时反应池容积相应减小，反应产生的剩余污泥量多，因此脱磷效果良好。这时 SBR 系统处在高负荷运行阶段。

若运行周期数小，即每次循环周期的水力停留时间长，意味着进水稀释倍数大（*m* 大），即排出比低，此时反应池容积相应增大，反应产生的剩余污泥量少，而硝化、脱氯（及硝化）效果良好。这时 SBR 系统是处于低负荷运行阶段。

由此可见，SBR 法能耐受进水水量与负荷的波动，通过适当的运行调控和采取必要措施可进行高负荷运行或低负荷运行。

6.3.1.4 SBR 的工艺发展和变形

传统 SBR 在应用中有一定的局限性。首先是进水流量较大时，对反应系统需调节，但会增大投资。而出水水质有特殊要求时，如脱氮、除磷，则需对 SBR 进行适当改进，在应用实践中，SBR 发展成了各种形式。

1）ICEAS 法

ICEAS 法是 SBR 法的第二代变形和发展。这种改良型 SBR 工艺，能在一个反应池中进行连续进水、生物氧化、硝化、反硝化、固液分离等。1968 年澳大利亚的新南威尔士大学与美国 ABJ 公司合作开发了一种“采用间歇反应器体系的连续进水，周期排水，延时曝气好氧活性污泥工艺”，简称 ICEAS 工艺。1976 年建成世界上第一座 ICEAS 工艺污水处理厂，随后在日、美、加、澳等国得到了广泛的应用。1988 年澳大利亚的 BHP 公司利用计算机技术的支持，使该工艺得到进一步发展和推广，成为目前电脑控制系统最先进的生物除磷、脱氮处理工艺。ICEAS 工艺把传统的 SBR 工艺由进水、反应、沉淀、出水和闲置 5 个阶段，变成反应、沉淀和滗水三个阶段。ICEAS 工艺与传统的 SBR 法相比其特点是在反应器的进水端增加了一个预反应区，运行方式为连续进水，间歇排水，没有明显的反应阶段和闲置阶段。这种系统在处理市政污水和工业废水方面比传统的 SBR 系统费用更省、管理更方便。

2）CASS 法

CASS 法是 SBR 法的第三代变形和发展。它是由 Goronszy 教授及其同事在 SBR 工艺和氧化沟技术的基础上开发出来的，是近年来国际公认的生活污水和工业废水的先进处理工艺。其主要原理是把 SBR 的反应池沿长度方向分为两个部分，前部为生物选择区也称为预反应区，后部为主反应区，在主反应区的后部安装了可升降的撇水装置，曝气、沉淀等在同一池子周期循环运行，省去了常规活性污泥法的二沉池和污泥回流系统。

CASS 工艺是以生物反应动力学原理及合理的水力条件为基础而开发的一种废水处理新工艺，尤其适合含较多工业废水的城市污水及要求除磷脱氮的处理。随着自动化水平的不断提高，对 CASS 的研究将日益深化、不断完善，在国外尤其是欧美国家的大型污水处理厂实例较多。由于其具有投资少、运行管理方便、可分期建设等特点，适合中国国情，近年来在国内已得到推广应用，北京航天城工程是我国较早使用该工艺的工程之一。

3）UNITANK 法

UNITANK 法又称交替式生物处理法，是 20 世纪 90 年代比利时西格斯（SEGERS）公司开发的。它是 SBR 法的第三代变形和发展，兼具 SBR 法和传统活性污泥法的优点，其一体化设计不仅集合了 SBR 法的主要特点，还可以像传统活性污泥法那样在恒定水位下连续运行。在构筑物形式上，UNITANK 系统近似于三沟式氧化沟系统，它由 3 个矩形池组成，其中外边两侧的矩形池既可做曝气池，又可做沉淀池，中间一个矩形池只做曝气池。

UNITANK 属于低负荷污水处理工艺，出水水质非常好。由于负荷低，一般不再设置初沉池，二沉池往往和曝气池组合为一；由于泥龄长、污泥较稳定，一般可以不再做稳定化处理而直接处理或应用，省去了污泥稳定化设施，大大简化了工艺流程，使运行管理非常简单，但是负荷低、泥龄长也使生化部分大大增加，增加了污水处理设施的建设投入，提高了能耗及运行成本。该工艺因其集经济性、科学性和实用性于一体，在未来的中小城镇污水处理工艺的发展和应用领域中将占有重要的地位。世界各地已有近 200 个工程应用该技术，其中新加坡等东南亚国家均建成了规模不等的城市污水处理厂。我国应用得还不是很广泛，有梧州污水处理厂，广东珠江啤酒厂，以及澳门地区的两座城市污水处理厂等，采用该技术均取得了良好的处理效果。

4）MSBR 法

MSBR 法是改良式序列间歇反应器（Modified Sequencing Batch Reactor）的简称，是 C. Q. Yang 等根据 SBR 技术特点，结合传统活性污泥法技术，研究开发的一种更为理想的污水处理系统。其工艺原理是磷在厌氧区被释放，在好氧区被吸收，达到除磷目的；污染物在好氧区被氧化降解，去除 COD_{Cr} 和 BOD_5，同时在硝化菌作用下，有机氮转化的氨氮继续转化为亚硝酸氮和硝酸氮，含有硝酸氮的大量混合液回流到缺氧区进行反硝化脱氮。一般适用于较大规模，具有较高运行管理水平的城市污水处理厂。我国许多城市的污水处理厂采用了该工艺，如广州大坦沙污水处理厂、桂林市第四污水处理厂、深圳盐田污水处理厂等。

6. 3. 2 氧化沟

氧化沟是一种活性污泥处理工艺，其利用连续环式反应池（Cintinuous Loop Reator，CLR）作生物反应池，混合液在该反应池中一条闭合曝气渠道进行连续循环，氧化沟通常在延时曝气条件下，使用一种方向可控制的曝气和搅动装置，向反应池中的物质传递水平速度，从而使被搅动的液体在闭合式渠道中循环，氧化沟如图 6-3 所示。

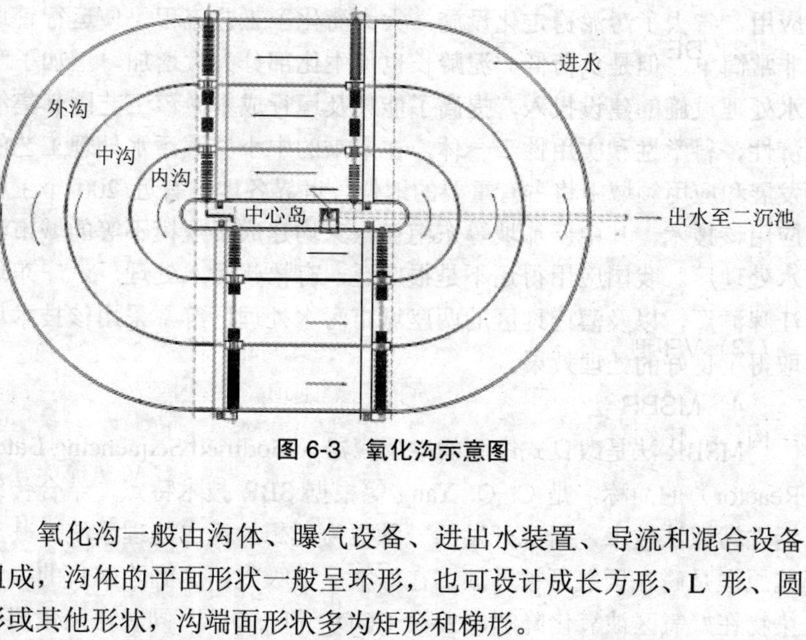

图 6-3 氧化沟示意图

氧化沟一般由沟体、曝气设备、进出水装置、导流和混合设备组成，沟体的平面形状一般呈环形，也可设计成长方形、L 形、圆形或其他形状，沟端面形状多为矩形和梯形。

氧化沟法由于具有较长的水力停留时间，较低的有机负荷和较长的污泥龄。因此，相比传统活性污泥法，可省略调节池，初沉池，污泥硝化池以及二沉池。

6.3.2.1 氧化沟的不同工艺形式

氧化沟工艺在其不断发展过程中经过不断的改良，形成了各具特色的不同工艺形式。根据其构造及运行特征，主要有以下几种典型形式。

1）PI 型氧化沟

PI（Phase Isolation）型氧化沟，即交替式和半交替式氧化沟，是 20 世纪 70 年代在丹麦发展起来的，其中包括 DE 型、T 型和 VR 型氧化沟，随着各国对污水处理厂出水氮，磷含量要求越来越高，因而开发出了功能加强的 PI 型氧化沟，主要由 Kruger 公司与 Demmark 技术学院合作开发的，称为 Bio-Denitro 和 Bio-Denipho 工艺，这两种工艺都是根据 A/O 和 A^2/O 生物脱氮除磷原理，创造缺氧/好氧，厌氧/缺氧/好氧的工艺环境，达到生物脱氮除磷的目的。

2）DE 型、T 型氧化沟

DE 型氧化沟为双沟系统，T 型氧化沟为三沟系统，其运行方式比较相似，都是通过配水井对水流流向的切换，堰门的起闭以及曝气转刷的调速，在沟中创造交替的硝化、反硝化条件，以达到脱氮的目的。其不同之处在于 DE 型氧化沟系统是二沉池与氧化沟分建，有独立的污泥回流系统；而 T 型氧化沟的两侧沟轮流作为沉淀池。

3）VR 型氧化沟

VR 型氧化沟沟型宛如通常的环形跑道，中央有一小岛的直壁结构，氧化沟分为两个容积相当的部分，其水平形式如反向的英文字母 C，污水处理通过二道拍门和二道出流堰交替起闭进行连续和恒水位运行。

4）奥贝尔氧化沟

奥贝尔氧化沟简称同心圆式，它也是分建式，有单独二沉池，采用转碟曝气，沟深较大，它的脱氮效果很好，但除磷效率不够高，要求除磷时还需加前置厌氧池。应用上多为椭圆形的三环道组成，三个环道用不同的 DO（如外环为 0，中环为 1，内环为 2），有利于脱氮除磷。采用转碟曝气，水深一般在 4.0～4.5m，动力效率与转刷接近，现已在山东潍坊、北京黄村和合肥王小郢的城市污水处理厂应用。

5）卡鲁塞尔氧化沟

（1）传统卡鲁塞尔氧化沟。卡鲁塞尔（Carrousel）氧化沟是1967年由荷兰的 DHV 公司开发研制的。它的研制目的是为满足在较深的氧化沟沟渠中使混合液充分混合，并能维持较高的传质效率，以克服小型氧化沟沟深较浅，混合效果差等缺陷。至今世界上已有850多座 Carrousel 氧化沟系统正在运行，实践证明该工艺具有投资省、处理效率高、可靠性好、管理方便和运行维护费用低等优点。Carrousel 氧化沟使用立式曝气机，曝气机安装在沟的一端，因此形成了靠近曝气机下游的富氧区和上游的缺氧区，有利于生物絮凝，使活性污泥易于沉降，设计有效水深 4.0～4.5m，沟中的流速 0.3m/s。BOD_5 的去除率可达 95%～99%，脱氮效率约为 90%，除磷效率约为50%，如投加铁盐，除磷效率可达95%。

（2）单级卡鲁塞尔氧化沟。单级卡鲁塞尔氧化沟有两种形式：一是有缺氧段的卡鲁塞尔氧化沟，可在单一池内实现部分反硝化作用，使用于有部分反硝化要求，但要求不高的场合。另一种是卡鲁塞尔 A/C 工艺，即在氧化沟上游加设厌氧池，可提高活性污泥的沉降性能，有效控制活性污泥膨胀，出水磷的含量通常在 2.0mg/L 以下。以上两种工艺一般用于现有氧化沟的改造，与标准的卡鲁塞尔氧化沟工艺相比变动不大，相当于传统活性污泥工艺的A/O和A^2/O工艺。

（3）合建式卡鲁塞尔氧化沟。缺氧区与好氧区合建式氧化沟是美国 EIMCO 公司专为卡鲁塞尔系统设计的一种先进的生物脱氮除磷工艺。它的构造上的主要改进是在氧化沟内设置了一个独立的缺氧区。缺氧区回流渠的端口处装有一个可调节的活门。根据出水含氮量的要求，调节活门张开程度，可控制进入缺氧区的流量。缺氧和好氧区合建式氧化沟的关键在于对曝气设备充氧量的控制，必须保证进入回流渠处的混合液处于缺氧状态，为反硝化创造良好环境。缺氧区内有潜水搅拌器，具有混合和维持污泥悬浮的作用。

6）一体化氧化沟

一体化氧化沟是指集曝气、沉淀、泥水分离和污泥回流功能于一体，无须建造单独二沉池的氧化沟。这种氧化沟设有专门的固液分离装置和措施。它既是连续进出水，又是合建式，且不用倒换功能，从理论上讲最经济合理，且具有很好的脱氮除磷效果。

一体化氧化沟除一般氧化沟所具有的优点外，还有以下独特的优点：

（1）工艺流程短，构筑物和设备少，不设初沉池、调节池和单独的二沉池；

（2）污泥自动回流，投资少、能耗低、占地少、管理简便；

（3）造价低，建造快，设备事故率低，运行管理工作量少；

（4）固液分离效果比一般二次沉淀池高，使系统在较大的流量浓度范围内稳定运行。

6.3.2.2 氧化沟的技术特点

氧化沟能保证较好的处理效果，这主要是因为巧妙结合了 CLR 形式和曝气装置特定的定位布置，氧化沟具有独特水力学特征和工作特性：

（1）氧化沟结合了活性污泥法推流和完全混合的特点，有利于克服短流和提高缓冲能力，通常在氧化沟曝气区上游安排入流，在入流点的在上游安排出流。入流通过曝气区在循环中很好地被混合和分散，混合液再次围绕 CLR 继续循环。这样，氧化沟在短期内或长期内均呈推流状态。这两者的结合，既使入流至少经历一个循环而杜绝短流，又可以提供很大的稀释倍数而提高了缓冲能力。同时为了防止污泥沉积，必须保证沟内足够的流速（一般平均流速大于 0.3m/s），而污水在沟内的停留时间又较长，这就要求沟内由较大的循环流量（一般是污水进水流量的数倍乃至数十倍），进入沟内污水立即被大量的循环液所混合稀释，因此氧化沟系统具有很强的耐冲击负荷能力，对不易降解的有机物也有较好的处理能力。

（2）氧化沟具有明显的溶解氧浓度梯度，特别适用于硝化-反硝化生物处理工艺。氧化沟从整体上说又是完全混合的，而液体流动却保持着推流前进，其曝气装置是定位的，因此，混合液在曝气区内溶解氧浓度是上游高，然后沿沟长逐步下降，出现明显的浓度梯度，到下游区溶解氧浓度就很低，基本上处于缺氧状态。氧化沟设计可按要求安排好氧区和缺氧区实现硝化-反硝化工艺，不仅可以利用硝酸盐中的氧满足一定的需氧量，而且可以通过反硝化补充硝化过程中消耗的碱度。这些有利于节省能耗和减少甚至免去硝化过程中需要投加的化学药品数量。

（3）氧化沟沟内功率密度的不均匀配备，有利于氧的传质，液体混合和污泥絮凝。传统曝气的功率密度一般仅为 20～30W/m^3，平均速度梯度 G＞100s^{-1}。这不仅有利于氧的传递和液体混合，而且有利于充分切割絮凝的污泥颗粒。当混合液经平稳的输送区到达好氧区后期，平均速度梯度 G＜30s^{-1}，污泥仍有再絮凝的机会，因而也能改善污泥的絮凝性能。

（4）氧化沟的整体功率密度较低，可节约能源。氧化沟的混合液一旦被加速到沟中的平均流速，对于维持循环仅需克服沿程和弯道的水头损失，因而氧化沟可比其他系统以较低的整体功率密度来维持混合液流动和活性污泥悬浮状态。

传统氧化沟的脱氮，主要是利用沟内溶解氧分布的不均匀性，通过合理的设计，使沟中产生交替循环的好氧区和缺氧区，从而达到脱氮的目的。其最大的优点是在不外加碳源的情况下在同一沟中实现有机物和总氮的去除，因此是非常经济的。但在同一沟中好氧区与缺氧区各自的体积和溶解氧浓度很难准确地加以控制，因此，除氮的效果有限，而对除磷几乎不起作用。另外，在传统的单沟式氧化沟中，微生物在好氧-缺氧-好氧短暂的经常性的环境变化中使硝化菌和反硝化菌群并非总是处于最佳的生长代谢环境中，由此也影响单位体积构筑物的处理能力。

6.3.2.3 氧化沟的缺点

尽管氧化沟具有出水水质好、抗冲击负荷能力强、除磷脱氮效率高、污泥易稳定、能耗省、便于自动化控制等优点。但是，在实际的运行过程中，仍存在一系列的问题。

1）污泥膨胀问题

当废水中的碳水化合物较多，N、P 含量不平衡，pH 偏低，氧化沟中污泥负荷过高，溶解氧浓度不足，排泥不畅等易引发丝状菌性污泥膨胀；非丝状菌性污泥膨胀主要发生在废水水温较低而污泥负荷较高时。微生物的负荷高，细菌吸取了大量营养物质，由于温度低，代谢速度较慢，积贮起大量高黏性的多糖类物质，使活性污泥的表面附着水大大增加，SVI 值很高，形成污泥膨胀。

针对污泥膨胀的起因，可采取不同对策：由缺氧、水温高造成的，可加大曝气量或降低进水量以减轻负荷，或适当降低 MLSS（控制污泥回流量），使需氧量减少；如污泥负荷过高，可提高 MLSS，以调整负荷，必要时可停止进水，闷曝一段时间；可通过投加氮肥、磷肥，调整混合液中的营养物质平衡（BOD_5∶N∶P=100∶5∶1）；pH 过低，可投加石灰调节；漂白粉和液氯（按干污泥的 0.3%～0.6% 投加），能抑制丝状菌繁殖，控制结合水性污泥膨胀。

2）泡沫问题

由于进水中带有大量油脂，处理系统不能完全有效地将其除去，部分油脂富集于污泥中，经转刷充氧搅拌，产生大量泡沫；泥龄偏长，污泥老化，也易产生泡沫。用表面喷淋水或除沫剂去除泡沫，常用除沫剂有机油、煤油、硅油，投量为 0.5～1.5mg/L。通过增加曝气池污泥浓度或适当减小曝气量，也能有效控制泡沫产生。当废水中含表面活性物质较多时，宜预先用泡沫分离法或其他方法去除。另外也可考虑增设一套除油装置。但最重要的是要加强水源管理，减少含油过高废水及其他有毒废水的进入。

3）污泥上浮问题

当废水中含油量过大，整个系统泥质变轻，在操作过程中不能很好控制其在二沉池的停留时间，易造成缺氧，产生腐化污泥上浮；当曝气时间过长，在池中发生高度硝化作用，使硝酸盐浓度高，在二沉池易发生反硝化作用，产生氮气，使污泥上浮；另外，废水中含油量过大，污泥可能挟油上浮。

发生污泥上浮后应暂停进水，打碎或清除污泥，判明原因，调整操作。污泥沉降性差，可投加混凝剂或惰性物质，改善沉淀性；如进水负荷大应减小进水量或加大回流量；如污泥颗粒细小可降低曝气机转速；如发现反硝化，应减小曝气量，增大回流或排泥量；如发现污泥腐化，应加大曝气量，清除积泥，并设法改善池内水力条件。

4）**流速不均及污泥沉积问题**

在氧化沟中，为了获得其独特的混合和处理效果，混合液必须以一定的流速在沟内循环流动。一般认为，最低流速应为 0.15m/s，不发生沉积的平均流速应达到 0.3～0.5m/s。氧化沟的曝气设备一般为曝气转刷和曝气转盘，转刷的浸没深度为 250～300mm，转盘的浸没深度为 480～530mm。与氧化沟水深（3.0～3.6m）相比，转刷只占了水深的 1/12～1/10，转盘也只占了 1/7～1/6，因此，造成氧化沟上部流速较大（为 0.8～1.2m，甚至更大），而底部流速很小（特别是在水深的 2/3 或 3/4 以下，混合液几乎没有流速），致使沟底大量积泥（有时积泥厚度达 1.0m），大大减少了氧化沟的有效容积，降低了处理效果，影响了出水水质。

加装上、下游导流板是改善流速分布、提高充氧能力的有效方法和最方便的措施。上游导流板安装在距转盘（转刷）轴心 4.0 处（上游），导流板高度为水深的 1/6～1/5，并垂直于水面安装；下游导流板安装在距转盘（转刷）轴心 3.0m 处。导流板的材料可以用金属或玻璃钢，但以玻璃钢为佳。导流板与其他改善措施相比，不仅不会增加动力消耗和运转成本，而且还能够较大幅度地提高充氧能力和理论动力效率。

另外，通过在曝气机上游设置水下推动器也可以对曝气转刷底部低速区的混合液循环流动起到积极推动作用，从而解决氧化沟底部流速低、污泥沉积的问题。设置水下推动器专门用于推动混合液，可以使氧化沟的运行方式更加灵活，这对于节约能源、提高效率具有十分重要的意义。

6.3.3 AB 法

AB 法污水处理工艺，系吸附-生物降解（Adsorption-Biodegration）

工艺的简称，是德国亚琛工业大学的宾克（Bohnke）教授于 20 世纪 70 年代中期开创的。从 80 年代开始用于生产实践。由于本工艺具有一系列特征，受到污水处理专家的重视。

6.3.3.1　AB 法工艺系统及主要特征

1）AB 法工艺系统

AB 法污水处理工艺流程见图 6-4。

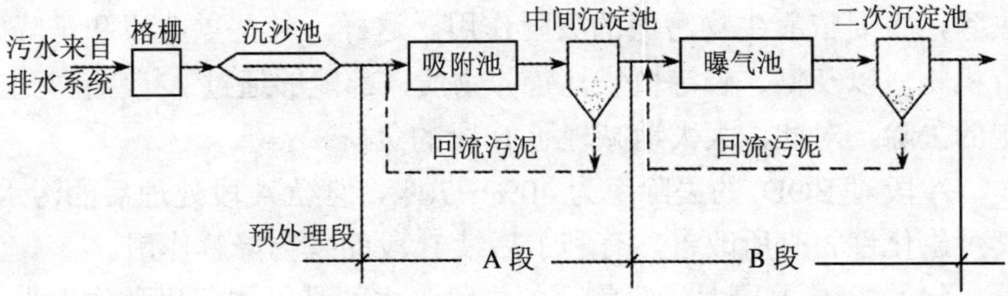

图 6-4　A-B 法工艺流程图

2）AB 法工艺的主要特征

从图 6-4 可见，与传统的活性污泥处理相比较，AB 工艺的主要特征是：

（1）全系统共分预处理段、A 段、B 段 3 段。在预处理段只设格栅、沉沙池等简易处理设备，不设初次沉淀池。

（2）A 段由吸附池和中间沉淀池组成，B 段则由曝气池及二次沉淀池所组成。

（3）A 段与 B 段各自拥有独立的污泥回流系统，两段完全分开，每段能够培育出各自独特的、适于本段水质特征的微生物种群。

6.3.3.2　A 段的效应、功能与设计运行参数

（1）A 段连续不断地从排水系统中接受污水，同时也接种在排水系统中存活的微生物种群。对此，偌大的排水系统起到“微生物选择器”和中间反应器的作用。在这里不断地产生微生物种群的适

应、淘汰、优选、增殖等过程。从而能够培育、驯化、诱导出与原污水适应的微生物种群。

由于本工艺不设初沉池，使A段能够充分利用经排水系统优选的微生物种群，使A段形成一个开放性的小型动力学系统。

（2）A段负荷高，为增殖速度快的微生物种群提供了良好的环境条件。在A段能够成活的微生物种群，只能是抗冲击负荷能力强的原核细菌，而原生动物和后生动物则不能存活。

（3）A段污泥产率高，并有一定的吸附能力，A段对污染物的去除，主要依靠生物污泥的吸附作用。这样，某些重金属和难降解有机物质以及氮、磷等植物性营养物质，都能够通过A段而得到一定的去除，对此，大大地减轻了B段的负荷。

A段对BOD_5的去除率为40%～70%，但经A段处理后的污水，其可生化性将有所改善，有利于后续B段的生物降解作用。

（4）由于A段对污染物质的去除，主要是以物理化学作用为主导的吸附功能，因此，其对负荷、温度、pH以及毒性等作用具有一定的适应能力。

（5）对城市污水处理的A段，主要设计与运行数据的建议值为：① BOD_5—污泥负荷（Ns）——2～6kgBOD_5/（kgMLSS·d），为传统活性污泥处理系统的10～20倍；② 污泥龄（生物固体平均停留时间）（θ_c）——0.3～0.5d；③ 水力停留时间（t）——30min；④ 吸附池内溶解氧（DO）质量浓度——0.2～0.7mg/L。

6.3.3.3 B段的效应、功能与设计、运行参数

（1）B段接受A段的处理水，水质、水量比较稳定，冲击负荷已不再影响B段，B段的净化功能得以充分发挥。

（2）去除有机污染物是B段的主要净化功能。

（3）B段的污泥龄较长，氮在A段也得到了部分的去除，BOD_5∶N比值有所降低，因此，B段具有产生硝化反应的条件。

（4）B段承受的负荷为总负荷的30%～60%，较传统活性污泥处理系统，曝气池的容积可减少约40%。

应当说明的是，B 段的各项功能、效应的发挥，都是以 A 段正常运行作为首要条件的。

（5）城市污水处理的 B 段，设计、运行参数的建议值为：① BOD_5—污泥负荷（Ns）——0.15～0.3kgBOD_5/（kgMLSS・d）；② 污泥龄（生物固体平均停留时间）（θ_c）——15～20d；③ 水力停留时间（t）——2～3h；④ 曝气池内混合液溶解氧含量（DO）——1～2mg/L。

AB 处理工艺在我国也得到应用，目前主要用于处理城市污水，对于农村生活污水的处理，该工艺同样具有良好的应用前景。

6.3.3.4　AB 处理工艺的优缺点

AB 处理工艺具有优良的污染物去除效果，较强的抗冲击负荷能力，良好的脱氮除磷效果和投资及运转费用较低等。

1）AB 处理工艺的优点

（1）对有机底物去除效率高。

（2）系统运行稳定。主要表现在：出水水质波动小，有极强的耐冲击负荷能力，有良好的污泥沉降性能。

（3）有较好的脱氮除磷效果。

（4）节能。运行费用低，耗电量低，可回收沼气能源。经试验证明，AB 法工艺较传统的一段法工艺节省运行费用 20%～25%。

2）AB 处理工艺的缺点

（1）A 段在运行中如果控制不好，很容易产生臭气，影响附近的环境卫生，这主要是由于 A 段在超高有机负荷下工作，使 A 段曝气池运行于厌氧工况下，导致产生硫化氢、大粪素等恶臭气体。

（2）当对除磷脱氮要求很高时，A 段不宜按 AB 法的有机物的分配比去除 BOD_5，因为这样 B 段曝气池的进水含碳有机物含量的碳、氮比偏低，不能有效地脱氮。

（3）污泥产率高，A 段产生的污泥量较大，约占整个处理系统污泥产量的 80%，且剩余污泥中的有机物含量高，这给污泥的最终稳定化处置带来了较大压力。

6.4 活性污泥法系统设计和运行中的一些重要问题

活性污泥法系统的设计和运行有若干关键性问题，认识和理解这些问题对系统的影响，显得十分重要。它们是：①水力负荷；②有机负荷；③微生物浓度；④曝气时间；⑤微生物平均停留时间；⑥氧传递速率；⑦回流污泥率；⑧曝气池的构造；⑨pH 和碱度；⑩溶解氧浓度；⑪污泥膨胀及其控制。

6.4.1 水力负荷

大部分污水的水力特征是不易控制的因素。当地的生活方式和集流范围相结合形成了流向污水处理厂的流量变化形式。通常污水流量在一天内是变化的。高峰常出现在白天，低谷则出现在黑夜。变化幅度随城市大小而异。城市愈小，变化幅度愈大。在一般的设计中，高峰值约为平均流量的 200%，最低值约为平均流量的 50%。污水流量还随季节变化，夏季流量大，冬季流量小。

在合流制管道系统中，雨水的流量大，足以破坏污水处理厂的正常运行。若要保证出水的质量，有必要将过大的流量转移到雨水调节池中去，当流量回跌到最大允许流量之下时，再将调节池中的雨水在控制状态下抽送到处理构筑物。雨水的贮存增加了处理系统的复杂性。在分流制系统中，雨水的渗入也会引起运行问题。

很多处理厂用泵来提升污水进入处理厂，由于没有选好泵产生了很多问题。小厂往往只有两个泵，一个运行，一个备用。以前通常按每日高峰时的流量选用，该时的流量为平均流量的 2～3 倍，这样，活性污泥法系统必须承受周期性的冲击负荷，对运行十分不利。应该选用同样型号的几台泵，并和泵前集水井的容积相配合，使进入的变化较大的流量，通过井和泵的配合调蓄后，得到相对较稳定的流量。有时专门设置调节池平衡一日内的流量变化。近年来，螺旋泵再次显示了可提供可变的流量而不需要专门设备的优点，但问题是水头相对较小。

水力负荷的变化影响活性污泥法系统的曝气池和二次沉淀池。当流量增加时，污水在曝气池内的停留时间缩短，影响出水质量，同时影响曝气池的水位。若为机械表面曝气机，由于水位的变化，它的运行就变得不稳定。

6.4.2 有机负荷

曝气区容积的计算，最早以经验的曝气时间作为主要的设计参数。有了曝气时间（停留时间），再乘上设计流量，就可得到曝气池的容积。现在则常以污泥的有机负荷率 N 作为设计参数。

设计中要思考的主要问题是如何确定污泥负荷率和 MLSS 的设计值。从公式可知，这两个设计值采用得大一些，曝气池所需的体积可以小一些。污泥有机负荷率的大小影响处理效率。根据经验，当采用活性污泥法作为完全处理时，设计的污泥负荷率一般不大于 0.5kg（BOD_5）/[kg（MLSS）· d]。如果要求氮素转入硝化阶段，一般采用 0.3kg（BOD_5）/[kg（MLSS）· d]，通常称为常负荷。有时为了减小曝气池的容积，可以采用高负荷，即污泥负荷率采用 1 以上。采用高的污泥负荷率虽可减小曝气池的容积，但出水水质要降低，而且使剩余污泥量增多，增加了污泥处置的费用和困难，同时，整个处理系统较不耐冲击，造成运行中的困难。因此，近年来，很多国家的科技人员不主张采用高负荷系统。有时为避免剩余污泥处置上的困难和要求污水处理系统的稳定可靠，可以采用低的污泥负荷率（<0.1），把曝气池建得很大，曝气池中的污泥浓度维持较高，可以基本上没有剩余活性污泥，这就是延时曝气法。

6.4.3 微生物浓度

怎样确定混合液污泥浓度 MLSS 呢？提高 MLSS，可以缩小曝气池的容积，或者说，可以降低污泥负荷率，提高处理效率。那么，在设计中采用高的 MLSS 是否就可以提高效益呢？这种想法是一种错觉。其一，污泥量并不就是微生物的活细胞量。曝气池污泥量的增加意味着泥龄的增加，泥龄的增加就使污泥中活细胞的比例减小；其二，过高的微生物浓度在后续的沉淀池中难以沉淀，影响出水水质；其三，曝气池污泥的增加，就要求曝气池中有更高的氧传递速率。否则，微生物就受到抑制，处理效率降低。而各种曝气设备都有其合理的氧传递速率的范围。例如，穿孔管的氧传递速率为 20～30mg/（L·h），微孔曝气（微孔陶瓷管或扩散板）设备的氧传递速率为 40～60mg/（L·h），纯氧曝气设备的氧传递速率为 150mg/（L·h）左右。对于每一种曝气设备，超出了它合理的氧传递速率范围，其充氧动力效率将明显降低，使能耗增加。因此，采用一定的曝气设备系统，实际上只能够采用相应的污泥浓度，MLSS 的提高是有限度的。根据长期的运行经验，采用鼓风曝气设备的传统活性污泥法时，曝气池中 MLSS 在 2 000mg/L 左右是适宜的。

对不同的水质、不同的工艺应根据具体情况探索合理的微生物浓度。

6.4.4 曝气时间

曝气时间和有机负荷的关系很密切，在考虑曝气时间时要注意一些其他有关因素。在通常情况下，城市污水的最短曝气时间为 3h，或更大些，这和满足曝气池需氧速率有关。当曝气池做得较小时，曝气设备是按系统的负荷峰值控制设计的。这样，在其他时间，供氧量过大，造成浪费，设备的能力不能充分得到利用。但若曝气池做得大些，则可降低需氧速率，同时由于负荷率的降低，曝气设备可以减小，曝气设备的利用率得到提高。因而要仔细地评价曝气设备和能源消耗的费用以及曝气池的基建费用，使它们获得最佳匹配。

假如希望获得硝化处理结果，那么曝气时间长短的选择是重要的。无论是含碳物质代谢需氧还是硝化代谢需氧，都要求足够的氧。

长时间曝气能降低剩余活性污泥量，这是由于好氧硝化以及内源呼吸降低了活性物质量所致。这样的系统更能适应冲击负荷，但曝气池容积增大。因而事物总是一分为二的，要结合具体的要求来选择。

6.4.5 微生物平均停留时间（MCRT）

微生物在曝气池中的平均停留时间，又称泥龄，是活性污泥法系统设计和运行中最重要的参数之一。选择一定的有机负荷率和一定的 MLSS 浓度，就相应决定了微生物的平均停留时间。因而有机负荷率和泥龄存在着内在的联系。

微生物平均停留时间是工作着的活性污泥总量同每日排放的剩余污泥量的比值，单位是 d。例如，活性污泥总量为 5 000kg，每日排泥为 500kg，则微生物的停留时间为 10d。这也说明，工作着的活性污泥每日更新 1/10。停留时间愈短，曝气池中的活性污泥更新愈快，愈年轻。

微生物平均停留时间至少等于水力停留时间，此时，曝气池内的微生物浓度很低，大部分微生物是充分分散的。当用回流使微生物的平均停留时间大于水力停留时间时，微生物浓度增加，改善了微生物的絮凝条件，提高了微生物在二沉池中的固液分离性能。但过长的泥龄使微生物老化，絮凝条件恶化，并增加了惰性物质引起的浊度。根据这个现象，微生物的停留时间应足够长，促使微生物很好地絮凝，以便重力分离，但不能过长，过长反而促使絮凝条件变差。

经验已经表明，通常活性污泥法系统的微生物平均停留时间约为水力停留时间的 20 倍。延时曝气系统的比例为 30∶1，甚至为 40∶1。对于高负荷系统，其比例接近 10∶1。通常活性污泥系统的水力停留时间，对城市污水来讲，为 4～6h，则相应的微生物停留时间为 3.3～5d。延时曝气的水力停留时间为 24h，则微生物停留时间约为 30d。高负荷系统曝气时间为 2～3h，微生物停留时间约为 1d。这些是经验的数值。

计算活性污泥法系统的 MCRT 是否应包括二沉池中的活性污泥量呢？无疑在二沉池中有着可观的活性污泥量，但由于氧的浓度很低，微生物代谢可以忽略。因而在评价时，不能只看到活性污泥总量，而要看条件。正因为如此，大多数活性污泥法系统在设计时，只根据曝气池的污泥来计算 MCRT。但在接触稳定系统中，因为混合池和曝气池的水力停留时间不同，MLSS 浓度也不同，且二次沉淀池经常用作污泥调蓄池，在这种情况下，根据混合池和曝气池的运行数据计算 MCRT 发现变化很大，而考虑沉淀池污泥量后，则 MCRT 比较稳定，这个问题还值得研究。其他大部分活性污泥法系统以天计的总有机负荷和剩余污泥量变化不大，每天计算的 MCRT 值比较稳定。

微生物的平均停留时间还有助于进一步理解活性污泥法的某些机理。前面曾指出，活性污泥分两个阶段去除污水中有机物，先是吸附，后是稳定，而且吸附的时间比较短，稳定的时间比较长。但对稳定时间的长短没有具体概念。实际上，微生物平均停留时间反映了稳定时间的长短。因而根据微生物停留时间来考察活性污泥，是认识活性污泥的一个有效途径。

微生物平均停留时间还有助于说明活性污泥中微生物的组成。大于世代时间微生物平均停留时间的那些微生物几乎不可能在这个活性污泥中繁殖。

6.4.6 氧传递速率

氧传递速率将最终确定任一活性污泥法系统的处理能力。氧传递速率要考虑两个过程，即氧传递到水中以及真正传递到微生物的膜表面。通常的试验数据只表明氧传递到水相，但这并不意味着同样量的氧已达到了微生物表面，而后者则控制着微生物能力的发挥。从这个观点来看，曝气设备不仅要提供充分的氧，而且要创造足够的紊动条件，以剪切活性污泥絮体，这样可使被围在污泥絮体中的细菌得到氧。因此要提高氧的传递速率，必须有充足的氧量，并使混合液中的悬浮固体保持悬浮状态和紊动条件。无疑，曝气设备的选择、布置，以及如何同池型配合，是提高曝气池性能的重要条件。

机械表面曝气机，是把水粉碎成小的液滴，散布于连续的大气相中，而扩散曝气器则是把空气粉碎成微小气泡，散布于连续的液相。目的都是希望从空气中获得氧，提高液相中的氧浓度。有人认为，从实际的观点来看，以液滴的方式来获得同量的氧量比气泡的方式容易。但这个比较是不涉及曝气设备的性能和能耗，布置的简易性以及池型配套的易行性等因素，目前两种曝气方法几乎同样流行。事实上，曝气设备的发展还与水力流态，即反应器的形式有关。

在气泡曝气中，气泡在上升的过程，向邻近液体传递氧，因而气泡中的氧浓度降低，相邻液体的氧浓度提高，这两个因素都使氧的传递速率减慢。而细的气泡不能促使邻近液体产生紊动，泡和水几乎是同速上升。因而最大的氧传递速率是发生在气泡刚形成时。基于这种认识，要提高氧传递速率，就要尽可能使单位气量分布在最宽的断面上。但是当把扩散板布满大部分池底时，在同样的气量下，曝气强度（单位面积上的气体流量）不够，MLSS 要沉下来。因而把扩散板移向池的一边，这样能使 MLSS 保持悬浮状态。

机械曝气中使用的齿轮箱和轴承的耐久性相对于气泡曝气来说是一个很大的问题。慢速曝气机的混合深度为 2.5～3m，高速曝气机的混合深度更低。设置导流筒可以改善混合深度，但要增加动力消耗。慢速机械表面曝气机的氧传递速率为 40～50mg/（L·h），高速机械表面曝气机的氧传递速率为 20～30mg/（L·h）。

近年来，对曝气叶轮的减速传动装置不断加以改进，目前在一些污水处理厂中已采用直流电动机代替变速电动机。直流电动机的优点是效率高，运转稳定，通过调整电压的方法来改变叶轮转速，以满足需氧率的变化。从运行实践来看，反映普遍良好。缺点是调压设备庞大，占地较多。有些厂已用可控调压设备来改进。

6.4.7 回流污泥率

正如上面指出的，回流污泥量与回流污泥浓度和所期望的 MLSS 浓度有关。要求的 MLSS 浓度高，回流量就要增大。

高的污泥回流量增大了进入沉淀池的流量，增加了二沉池的负荷，缩短了沉淀池的沉淀时间，降低了沉淀效率，使未被沉淀的固体随出流带走。活性污泥回流率的设计应有弹性，并应操作在可能的最低流量。这为沉淀池提供了最大稳定性。

目前有些厂使用螺旋泵，该泵提升水头小，工作弹性大，适合于回流活性污泥。

小厂运行时，回流污泥量可变性大，为了力争有机负荷率保持稳定，近年来已使用变速泵，以便有规律地调节回流量。但是经验表明，控制有机负荷率不变，引起的问题还是不小。因随着污水流量的增加而增加污泥回流量，这样对二次沉淀池产生了很大的水力冲击，恶化出流。增加 MLSS 等于增加需氧量，否则不能维持有机负荷的稳定，但却引起了曝气系统的过负荷，再次促使出流恶化。

研究表明，一般情况下，常量的污泥回流比变量回流好。常量的污泥回流是最简便的运行方式。在常量回流而当入流量较低时，沉淀池中有较多的回流污泥流入曝气池，比从曝气池中流入沉淀池的污泥多，这样，在曝气池中的 MLSS 增加了，这等于为流量和有机负荷的增加作了准备，而沉淀池中贮存的污泥体积变得最小。当流量和有机负荷增加时，曝气池中较高的 MLSS 已具备了适应条件，这时有更多的 MLSS 从曝气池中流向沉淀池，而二次沉淀池早已留出了空间。MLSS 能自动地响应流量和有机负荷的变化，以产生最好的出流质量。因而，保持常量回流，并使回流量控制在相对较低的流量上，能自动调节入流量和有机负荷的变化。季节性的流量变化较大，只要几个星期改变一次回流量即可。

6.4.8 曝气池的构造

近几年来，很少注意曝气池的构造。似乎什么构造的曝气池都能使用。实际上，曝气池的构造对活性污泥法起着一个十分重要的作用。

英国开发的狭长形曝气池是考虑以连续流池来代替间歇池。当旋流曝气池引入美国时，开始注意曝气池的纵向短流问题。于是在池的横方向设置了障板，以防短流，但效果不佳，以后又拆除了。将曝气池横断面的四角做成内圆，有利于旋转并防止死角，减少水头损失。池深取决于曝气器所使用的鼓风机压力，池宽通常为池深的1倍。

用示踪剂研究表明：示踪剂的峰值约在停留时间的35%的长度位置上，流态倾向于完全混合。说明纵向混合很严重。氧消耗率的数据表明：开始时的速率远远超过氧的实际传递能力，迫使未被处理的有机物移向曝气池的下方，氧消耗率在35%的纵向距离之前跌得很快，然后慢慢往下跌，曝气池底部的DO仍然为零，明显地说明氧传递受到限制的情况。推流曝气池实质上类似串联的几个完全混合池。

处理量小的完全混合曝气池是一个小的圆形和矩形池，只配有一个机械曝气机，很容易围绕曝气机形成混合区。但当处理量变大后，曝气池也相应增大。3～4只曝气机放在同一只大的曝气池中，这样，围绕每一个曝气机形成了一个混合区。若在曝气池的一端进水，另一端出水，则进水端的混合液的氧吸收率比较高，而出水口附近的混合液氧吸收率低。这种情况说明曝气池不是充分完全混合的。当曝气池很大时，设置了很多等距离的曝气机，一端进水，另一端出水。这样的曝气池类似于传统的曝气池。

随着池型的发展，穿孔管曝气已使用于20m深的曝气池中，在这种深度下，可以产生细气泡，增加了氧的传递能力。机械曝气机配合导流筒可用于10m深的池中。设计工程师应将曝气设备的特性和池型构造有机地结合起来适应各种有局限的空间，进行创造性的工作。

6.4.9 pH和碱度

活性污泥通常运行在pH为6.5～8.5的范围。pH之所以能保持在这个范围，是由于污水中的蛋白质代谢后产生的碳酸铵碱度和从天然水中带来的碱度所致。生活污水中有足够的碱度使pH保持在较高的水平。软水地区的天然水中缺少天然碱度。由于有机酸的形成。pH 可跌到 5.5，甚至低于 5.0。在这种系统中可用 pH 来度量进行中的硝化作用。

工业污水中经常缺少蛋白质，因而产生 pH 过低问题。在糖厂、淀粉厂和某些合成化学厂，这个问题尤为严重。糖、醛、丙酮和乙醇被细菌代谢为有机酸，它能降低 pH 和减慢代谢速度。碱或石灰能直接添加到曝气池中，以维持所希望的 pH。碱或石灰同代谢产生的 CO_2 作用产生碳酸钠或碳酸钙可作为缓冲剂。工业污水中的有机酸通常在进入曝气池前进行中和。当有机物被代谢时，形成了相应的碳酸盐。氨基化合物和蛋白质由于代谢释放了铵离子，从而形成了碳酸铵。

当 pH 低于 6 时，刺激了霉菌和其他真菌的生长，抑制了细菌的繁殖。丝状真菌的沉淀性能差，使过量的微生物流失于出流中。

6.4.10 溶解氧浓度

通常溶解氧浓度不是一个关键因素，除非溶解氧浓度跌落到接近于零。只要细菌能获得所需要的溶解氧来进行代谢，其代谢速率不受溶解氧浓度的影响。当耗氧速率超过实际的氧传递速率时，代谢速率受氧传递速率控制。

好氧代谢，包括硝化，仅发生在曝气池中有剩余氧的地方。从理论上讲，剩余的氧约 1mg/L 是足够了。有很多人做了研究认为，对于单个悬浮着的好氧细菌代谢，溶解氧质量浓度只要高于 0.1～0.3mg/L，代谢速率就不受溶解氧质量浓度影响。但是，活性污泥絮体是许许多多个体集结在一起的絮状物质，要使内部的溶解氧质量浓度达到 0.1～0.3mg/L，絮体周围的溶解氧质量浓度一定要高得多，具体数值同絮状体的大小、结构及影响氧扩散性能的混合情况有关。最主要的还是混合情况。从某种意义上讲，混合情况决定了絮状体的大小和结构。因而这个数值是与混合情况有关的一个变数。而混合、充氧都是通过曝气设备来完成的，经过长期的探索之后，一般认为混合液中溶解氧质量浓度应保持在 0.5～2mg/L，以保证活性污泥系统正常地运行。

过分的曝气，虽溶解氧质量浓度很高，但由于紊动过分剧烈，导致絮状态体破裂，使出水浊度升高。特别是对于耗氧速度不高，而泥龄偏长的系统，强烈混合使破碎的絮体不能很好地再凝聚。保证絮体很好凝聚的条件是活性物质占整个 MLSS 的 1/3，当活性物质低于 10%时，絮体很易破碎而不能很好地再凝聚。这些离散的污泥沉淀性能差，往往流失于出流中。原生动物也不能去除这些颗粒，因为它缺少原生动物所需的营养。过分的曝气使这些颗粒有可能积聚在沉淀池的表面，形成深褐色的浮渣。

6.4.11 污泥膨胀及其控制

正常的活性污泥沉降性能良好，其污泥体积指数 SVI 为 50～150；当活性污泥不正常时，污泥就不易沉淀，反映 SVI 值在升高。混合液在 1 000ml 量筒中沉淀 30min 后，污泥体积膨胀，上层澄清液减少，这种现象称为活性污泥膨胀。活性污泥膨胀是活性污泥法的老大难问题。因膨胀污泥不易沉淀，容易流失，既降低处理后的出水水质，又造成回流污泥量的不足，如不及时加以控制，就会使系统中的污泥愈来愈少，从根本上破坏曝气池的运行。据上海市的调查，几乎所有采用活性污泥法的城市污水处理厂都曾发生过污泥膨胀问题。据前联邦德国斯图加特大学给水排水研究所对数百个活性污泥法城市污水处理厂调查的结果表明，有 70%以上的污水处理厂都存在不同程度的污泥膨胀问题。

但是，沉降性能恶化并不都是污泥膨胀现象，不应混淆。例如，在二沉池中，由于反硝化生成氮气使污泥上浮，或是部分地区积泥造成厌氧发酵而上浮等都不属于我们所讨论的污泥膨胀问题。膨胀的活性污泥，主要表现在压缩性能差，沉淀性能不良，这主要表现在 SVI 值高。而它的处理功能和净化效果并不差。作为膨胀污泥的 SVI 限值，目前并不统一。一般认为，SVI 超过 200，就算污泥膨胀。活性污泥膨胀可分为：污泥中丝状菌大量繁殖导致的丝状菌性膨胀以及并无大量丝状菌存在的非丝状菌性膨胀。丝状菌性膨胀是最经常发生和最主要的一类膨胀。

6.4.11.1 丝状菌性膨胀

这类膨胀是污泥中的丝状菌过度增长繁殖的结果。活性污泥中的微生物是一个以细菌为主的群体。正常的活性污泥是絮花状物质，其骨干是千百个细菌结成的团粒，叫菌胶团；细菌的絮凝可能是Zoogloea ramigera分泌的外酶造成的。在不正常的情况下，活性污泥中菌胶团受破坏，而丝状菌大量出现。膨胀污泥中的丝状菌，据荷兰和前联邦德国学者的调查研究，已分离出100多种，其中常见的有数十种。根据上海市污水处理厂的调查，主要是以浮游球衣细菌 Sphaerotilus natans 为代表的有鞘细菌和以丝硫细菌为代表的硫细菌。

当污泥中有大量丝状菌时，大量具有一定强度的丝状体相互支撑、交错，大大恶化了污泥的沉降、压缩性能，形成污泥膨胀。造成污泥丝状膨胀的主要因素大致为：

1）污水水质

研究结果表明，污水水质是造成污泥膨胀的最主要因素。含溶解性碳水化合物高的污水往往发生由浮游球衣细菌引起的丝状膨胀，含硫化物高的污水往往发生由硫细菌引起的丝状膨胀。污水的水温和 pH 也对污泥膨胀有明显的影响。水温低于 15℃时，一般不会膨胀。pH低时，容易产生膨胀。

有的研究认为，污水中碳、氮、磷的比例对发生丝状膨胀影响很大，氮和磷不足都易发生丝状膨胀。但有的研究结果表明，恰恰是含氮太高促使了污泥膨胀，在实验室的研究也表明，如以葡萄糖和牛肉膏为主配制人工污水进行试验，则不论碳、氮、磷的比例是高或低，都会产生极其严重的污泥膨胀。

2）运行条件

曝气池的负荷和溶解氧质量浓度都会影响污泥膨胀。曝气池中的污泥负荷（以 kg（BOD_5）/[kg（MLSS）· d]计）较高时，容易发生污泥膨胀。曾有人根据部分城市污水处理厂的运行资料统计后得出结论：活性污泥的 SVI 值与污泥负荷值密切相关。负荷低或高都不易发生污泥膨胀，而在 0.5～1.5kg（BOD_5）/[kg（MLSS）· d]范围内 SVI 较高（负荷为 1.0 时最严重），甚至导出了 SVI 与污泥负荷的关系公式。但实践表明，这样的结论是不恰当的。影响污泥丝状膨胀的最主要因素是水质而不是污泥负荷。对某些污水，不论污泥负荷较高或较低都会发生污泥丝状膨胀；对某些污水则相反，都不会发生污泥丝状膨胀。污泥负荷对污泥膨胀在一定条件下有一定的影响而无必然的联系。关于溶解氧质量浓度的影响，结论也往往有矛盾。多数资料表明，溶解氧质量浓度低时，容易发生由浮游球衣细菌和丝硫细菌引起的污泥膨胀。但也有资料表明，正是溶解氧质量浓度高，促进了污泥膨胀。我们的试验证实，对于含硫化物高的污水（例如已经陈腐的污水），不论曝气池中的溶解氧质量浓度低或高都会产生由硫细菌过度繁殖引起的污泥膨胀。不过，在溶解氧质量浓度低时，污泥中占优势的是丝硫菌；在溶解氧质量浓度高时，占优势的是亮发菌。

3）工艺方法

研究和调查表明，完全混合的工艺方法比传统的推流方式较易发生污泥膨胀，而间歇运行的曝气池最不容易发生污泥膨胀；不设初次沉淀池（设有沉沙池）的活性污泥法，SVI 值较低，不容易发生污泥膨胀；叶轮式机械曝气与鼓风曝气相比，易于发生丝状菌性膨胀。射流曝气的供氧方式可以有效地克服浮游球衣细菌引起的污泥膨胀。

6.4.11.2 非丝状菌性膨胀

发生污泥非丝状菌性膨胀时，与丝状菌性膨胀相类似，SVI 值很高，污泥在沉淀池内很难沉淀、压缩。此时的处理效率仍很高，上清液也清澈。如将污泥用显微镜检查，则情况就完全不同。在显微镜下，看不到丝状细菌，即使看到也是数量极少的短丝状菌。

经研究，非丝状菌性膨胀污泥含有大量的表面附着水，细菌外面包有黏度极高的黏性物质，这种黏性物质是由葡萄糖、甘露糖、阿拉伯糖、鼠李糖、脱氧核糖等形成的多糖类。

非丝状菌性膨胀主要发生在污水水温较低而污泥负荷太高时。微生物的负荷高，细菌吸取了大量营养物，但由于温度低，代谢速度较慢，就积贮起大量高黏性的多糖类物质。这些多糖类物质的积贮，使活性污泥的表面附着水大大增加，使污泥的 SVI 值很高，形成膨胀污泥。在运行中，如发生污泥膨胀，可针对膨胀的类型和丝状菌的特性，采取以下一些抑制的措施：

（1）控制曝气量，使曝气池中保持适量的溶解氧（不低于 1～2mg/L，不超过 4mg/L）；

（2）调整 pH；

（3）如氮、磷的比例失调，可适量投加氮和磷化合物；

（4）投加一些化学药剂（如铁盐凝聚剂、有机阳离子凝聚剂，某些黄泥等惰性物质以及漂白粉、液氯等）。但投加药剂费用较贵，停止加药后又会恢复膨胀，而且并不是对各类膨胀都是有效的；

（5）城市污水处理厂的污水在经过沉沙池后，跳越初沉池，直接进入曝气池。

在设计时，对于容易发生污泥膨胀的污水，可以采取以下一些方法：①减小城市污水处理厂的初沉池或取消初沉池，增加进入曝气池的污水中悬浮物，可使曝气池中的污泥浓度明显增加，污泥沉降性能改善；②两级生物处理法，即采用沉沙池——一级曝气池—中间沉淀池—二级曝气池—二次沉淀池的工艺，或是初次沉淀池—生物膜法处理—曝气池—二次沉淀池等工艺。这种方法，实际改变了进入后面的曝气池时的水质，可以有效地防止活性污泥的膨胀；③对于现有的容易发生污泥严重膨胀的污水处理厂，可以在曝气池的前面部分补充设置足够的填料。这样，既降低了曝气池的污泥负荷，又改变了进入后面部分曝气池的水质，可以有效地克服活性污泥膨胀；④用气浮法代替二次沉淀池，可以有效地使整个处理系统维持正常运行。但气浮法的运行费用比二次沉淀池高。

第 7 章　生物膜处理技术

生物膜法是利用附着生长于某些固体物表面的微生物（生物膜）进行有机污水处理的方法。生物膜是由高度密集的好氧菌、厌氧菌、兼性菌、真菌、原生动物以及藻类等组成的生态系统，其附着的固体介质称为滤料或载体。生物膜自滤料向外可分为厌氧层、好氧层、附着水层、运动水层。生物膜法的原理是，生物膜首先吸附附着水层有机物，由好氧层的好氧菌将其分解，再进入厌氧层进行厌氧分解，流动水层则将老化的生物膜冲掉以生长新的生物膜，如此往复以达到净化污水的目的。

因微生物群体沿固体表面生长成黏膜状，故名生物膜。污水和生物膜接触时，污染物从水中转移到膜上，从而得到处理。

7.1 生物滤池

生物滤池生物膜法中最常用的一种生物器。根据生物滤池不同的形式和功能，有滴滤池、塔式生物滤池、高负荷生物滤池和曝气生物滤池等。

7.1.1 普通生物滤池的构造

普通生物滤池，又名滴滤池，是生物滤池早期出现的类型，即第一代的生物滤池。普通生物滤池由池体、滤料、布水装置和排水系统四部分所组成（图 7-1）。

1）池体

普通生物滤池在平面上多呈方形或矩形。四周筑墙称为池壁，池壁具有围护滤料的作用，应当能够承受滤料压力，一般多用砖石筑造。池壁可筑成带孔洞的和不带孔洞的两种形式，有孔洞的池壁有利于滤料内部的通风，但在低温季节，易受低温的影响，使净化功能降低。为了防止风力对池表面均匀布水的影响，池壁一般应高出滤料表面 0.5～0.9m。池体的底部为池底，它的作用是支撑滤料和排除处理后的污水。

2）滤料

滤料是生物滤池的主体，它对生物滤池的净化功能有直接影响，应慎重选用。

滤料应具有的条件是：

（1）质坚、高强、耐腐蚀、抗冰冻。

（2）较高的比表面积（单位容积滤料所具有的表面积），滤料表面是生物膜形成、固着的部位，表面积大是保持生物量大的必要条件，而生物量则是控制生物处理技术净化功能的重要参数之一。滤料表面应是宜于生物膜附着，也应宜于污水均匀流动。

（3）较大的孔隙率（单位容积滤料中所持有的空间所占有的百分率）是生物膜、污水和空气三相接触的部位，是供氧和氧的传递的重要部位。

滤料的比表面积与孔隙率是互相矛盾的两个方面，比表面积大，孔隙率则低，提高孔隙率，滤料的表面积必然减少。孔隙率不宜过高或过低，而以适度为好。当孔隙率为 45%左右时，滤料的比表面积为 65～100m^2。

（4）就地取材，便于加工、运输。

普通生物滤池一般多采用实心拳状滤料，如碎石、卵石、炉渣和焦炭等。一般分工作层和承托层两层充填，总厚度为 1.5～2.0m。工作层厚 1.3～1.8m，粒径介于 25～40mm；承托层厚 0.2m，滤料粒径为 70～100mm。

滤料在充填前应加以仔细筛分、洗净，各层中的滤料及其直径应均匀一致，以保证具有较高的孔隙率，不合格不得超过 5%。

3）布水装置

生物滤池布水装置的首要任务是向滤池表面均匀地撒布污水。

此外，还应具有：适应水量的变化；不易堵塞和易于清通以及不受风、雪的影响等特征。普通生物滤池传统的布水装置是固定喷嘴式布水装置系统。固定喷嘴式布水系统是由投配池、布水管道和喷嘴等几部分组成（图 7-1）。

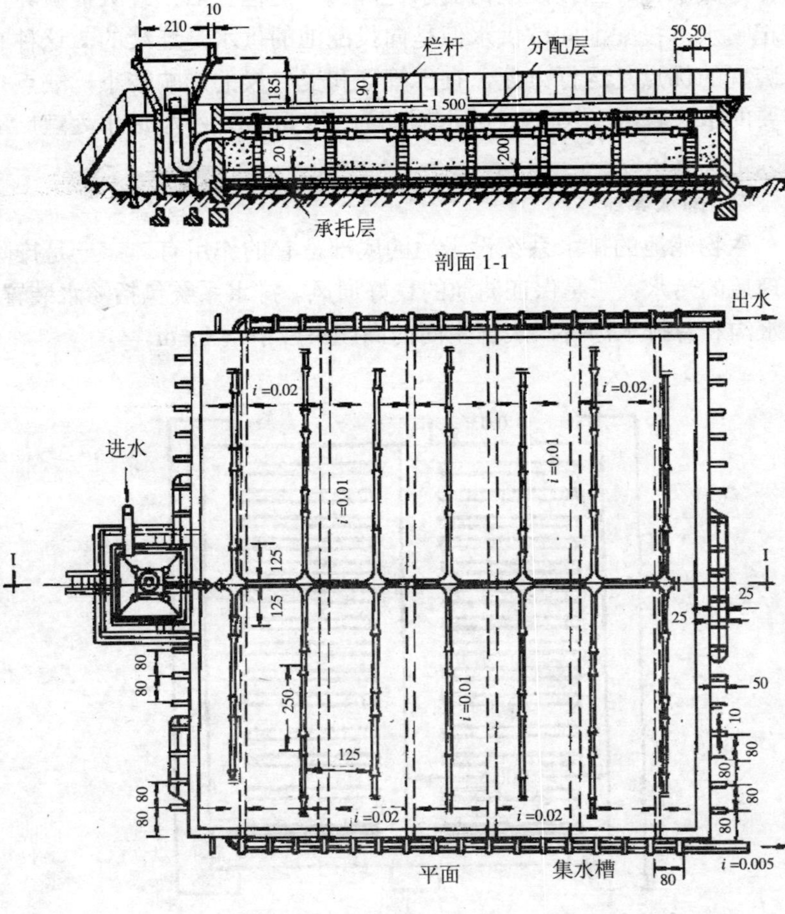

图 7-1　普通生物滤池构造图（单位：cm）

投配池设于滤池的一端或两座滤池的中间，在投配池内设虹吸装置。布水管道敷设在滤池表面下 0.5～0.8m，在其上装有一系列排列规矩、伸出池面 0.15～0.20m 的竖管，在竖管顶端安装喷嘴。喷嘴的作用是均匀布水，喷嘴有多种类型。

污水流入投配池内，在达到一定高度后，虹吸装置即开始作用，污水泄入布水管道，并从喷嘴喷出，被倒立圆锥体所阻，向四外分散，形成水花。当投配池内的水位降到一定位置后，虹吸被破坏，停止喷水，投配池间歇供水但是向投配池的供水是连续的。这种布水装置的优点是运行方便，宜于管理和受气候的影响较小，缺点是需要的水头较大（20m）。喷水周期为 5～8min，小型污水处理厂不应大于 15min。

4）排水系统

生物滤池的排水系统设于池的底部，它的作用有二：一是排除处理后的污水；二是保证滤池的良好通风。排水系统包括渗水装置、汇水沟和总排水沟等。底部空间的高度不应小于 0.6m。

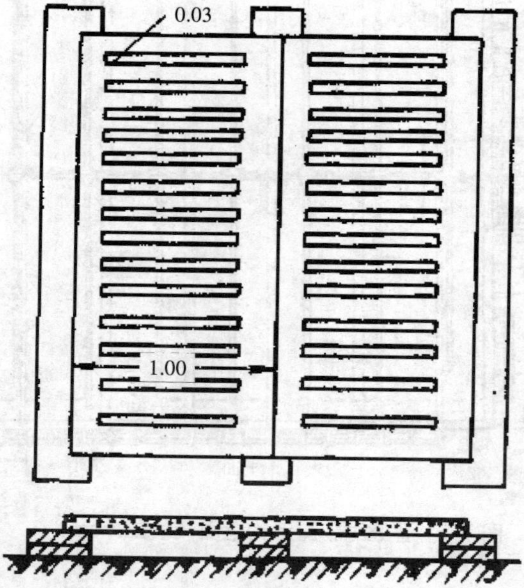

图 7-2　混凝土板式渗滤装置

有多种形式的渗水装置，图 7-2 所示的是使用比较广泛的混凝土板式的渗水装置。渗水装置的作用是支撑滤料，排出滤过的污水，进入空气。为了保证滤池通风良好，渗水装置上的排水孔隙的总面积不得低于滤池总表面积的 20%；渗水装置与池底之间的距离不得小于 0.4m。

池底以 1%～2%的坡度坡向汇水沟，汇水沟宽 0.15m，间距 2.5～4.0m，并以 0.5%～10%的坡度坡向总排水沟，总排水沟的坡度不应小于 0.5%，也是为了通风良好，总排水沟的过水断面积应小于其总断面的 50%，沟内流速应大于 0.7m/s，以免发生沉积和堵塞现象。

对小型的普通生物滤池，池底可不设汇水沟，而全部做成 1%的坡度，坡向总排水沟。在滤池底部四周设通风孔，其总面积不得小于滤池表面积的 1%。

7.1.2 曝气生物滤池

曝气生物滤池是近年来新开发的一种污水生物处理技术。它是集生物降解、固液分离于一体的污水处理设备。

图 7-3 所示为曝气生物滤池构造图，图 7-4 所示则是没有曝气生物滤池的污水处理系统。

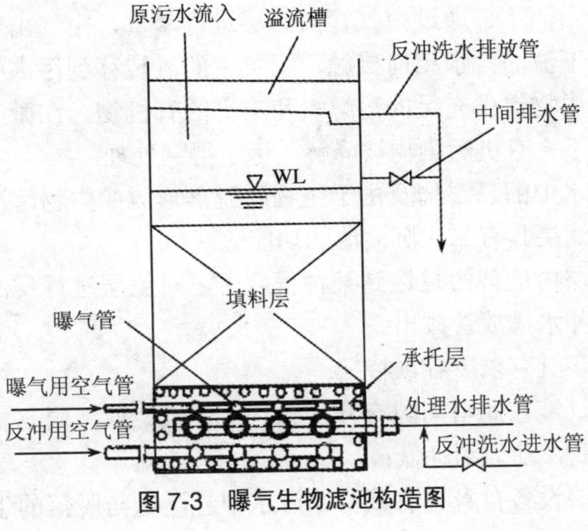

图 7-3　曝气生物滤池构造图

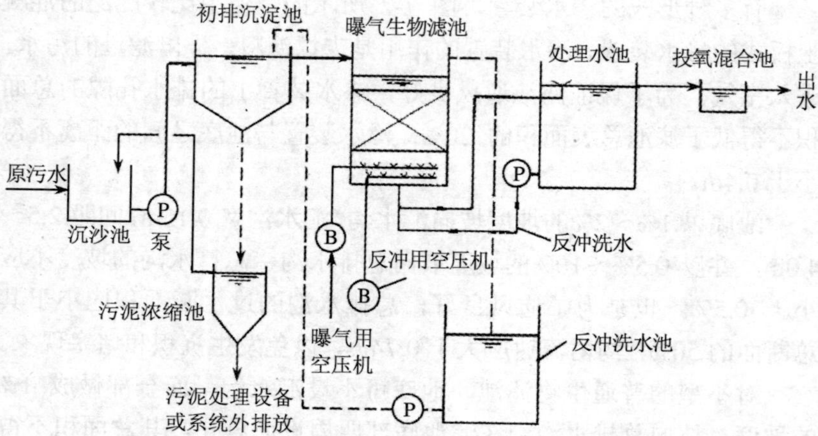

图 7-4 没有曝气生物滤池的污水处理系统

该设备与给水处理的快滤池相类似。池内底部设承托层，其上部则是作为滤料的填料。在承托层设置曝气用的空气管及空气扩散装置，处理水集水管兼作反冲洗水管也设置在承托层内。

被处理的原污水，从池上部进入池体，并通过由填料组成的滤层，在填料表面形成由微生物栖息形成的生物膜。在污水滤过滤层的同时，由池下部通过空气管向滤层进行曝气，空气由填料的间隙上升，与下流的污水相向接触，空气中的氧转移到污水中，向生物膜上的微生物提供充足的溶解氧和丰富的有机物。在微生物的新陈代谢作用下，有机污染物被降解，污水得到处理。

原污水中的悬浮物及由于生物膜脱落形成的生物污泥，被填料所截留。滤层具有二次沉淀池的功能。

当滤层内的截污量达到某种程度时，对滤层进行反冲洗，反冲水通过反冲水排放管排出。

该设备具有以下各项特征：

（1）气液在滤料间隙充分接触，由于气、液、固三相接触，氧的转移率高，动力消耗低；

（2）该设备自身具有截留原污水中悬浮物与脱落的生物污泥的

功能，因此，不需沉淀池，占地面积少。

（3）以 3～5mm 的小颗粒作为滤料，比表面积大，微生物附着力强。

（4）池内能够保持大量的生物量，再由于截留作用，污水处理效果良好。

（5）无须污泥回流，也无污泥膨胀之虑，如反冲洗全部自动化，则维护管理也非常方便。

该工艺在国外用于造纸废水处理效果良好，特别是用于食品加工废水处理，效果非常明显。

7.1.3 生物滤池的性能特点

（1）生物滤池的处理效果非常好，在任何季节都能满足各地最严格的环保要求。

（2）不产生二次污染。

（3）微生物能够依靠填料中的有机质生长，无须另外投加营养剂。因此停工后再使用启动速度快，周末停机或停工 1～2 周后再启动能立即达到很好的处理效果，几小时后就能达到最佳处理效果。停止运行 3～4 周再启动立即有很好的处理效果，几天内恢复最佳的处理效果。

（4）生物滤池缓冲容量大，能自动调节浓度高峰使微生物始终正常工作，耐冲击负荷的能力强。

（5）运行采用全自动控制，非常稳定，无须人工操作。易损部件少，维护管理非常简单，基本可以实现无人管理，工人只需巡视是否有机器发生故障。

（6）生物滤池的池体采用组装式，便于运输和安装；在增加处理容量时只需添加组件，易于实施；也便于气源分散条件下的分别处理。

（7）此类过滤形式的生物滤池能耗非常低，在运行半年之后滤池的压力损失也只有 500Pa 左右。

7.2 生物转盘

生物转盘是于 20 世纪 60 年代在原联邦德国所开创的一种污水生物处理技术。原联邦德国斯图加特工业大学勃别尔（Popel）教授和哈特曼（Hartman）教授对生物转盘技术的实用化进行了大量的试验研究和理论探讨工作，并于 1964 年发表了题为《生物转盘的设计、计算与性能》的论文，就此奠定了生物转盘技术发展的基础。

生物转盘技术具有一系列的优点，在国际范围内得到广泛的应用，在其构造形式、系统组成、计算理论等各方面都得到了一定的发展。当前，生物转盘处理技术已被公认为是一种净化效果好、能源消耗低的生物处理技术。

生物转盘初期用于生活污水处理，后推广到城市污水处理和有机性工业废水的处理。处理规模也从几百人口当量发展到数万人口当量。转盘构造和设备也日益完善。

我国从 20 世纪 70 年代初开始引进生物转盘拉术，对其开展了广泛的科学研究工作，不仅在生活污水和城市污水处理方面得到应用，而且在化纤、石化、印染、制革、造纸、煤气厂等行业的工业废水处理领域也得到了应用，并取得了良好的效果。

7.2.1 生物转盘的构造及其对污水净化作用原理

生物转盘处理系统中，除核心装置生物转盘外，还包括污水预处理设备和二次沉淀池。二次沉淀池的作用是去除经生物转盘处理后的污水所挟带的脱落生物膜。

生物转盘是由盘片、接触反应槽、转轴及驱动装置所组成（图 7-5）。盘片串联成组，中心贯以转轴，转轴两端安设在半圆形接触反应槽两端的支座上。转盘面积的 40%左右浸没在槽内的污水中，转轴高出槽内水面 10～25cm。

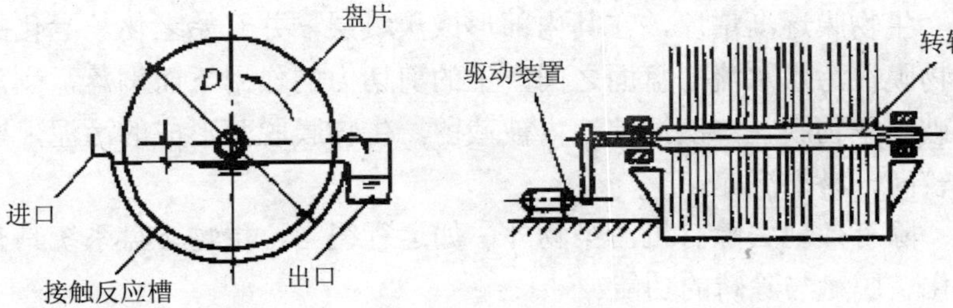

图 7-5 生物转盘构造图

由电机、变速器和传动链条等部件组成的传动装置驱动转盘以较低的线速度在接触反应槽内转动。接触反应槽内充满污水，转盘交替地和空气与污水相接触。在经过一段时间后，在转盘上即将附着一层栖息着大量微生物的生物膜。微生物的种属组成逐渐稳定，其新陈代谢功能也逐步地发挥出来，并达到稳定的程度，污水中的有机污染物为生物膜所吸附降解。

转盘转动离开污水与空气接触，生物膜上的固着水层从空气中吸收氧，固着水层中的氧是过饱和的，并将其传递到生物膜和污水中，使槽内污水的溶解氧含量达到一定的浓度，甚至可能达到饱和。

在转盘上附着的生物膜与污水以及空气之间，除有机物（BOD_5、COD_{Cr}）与 O_2 外，还进行着其他物质，如 CO_2、NH_3 等的传递（图 7-6）。

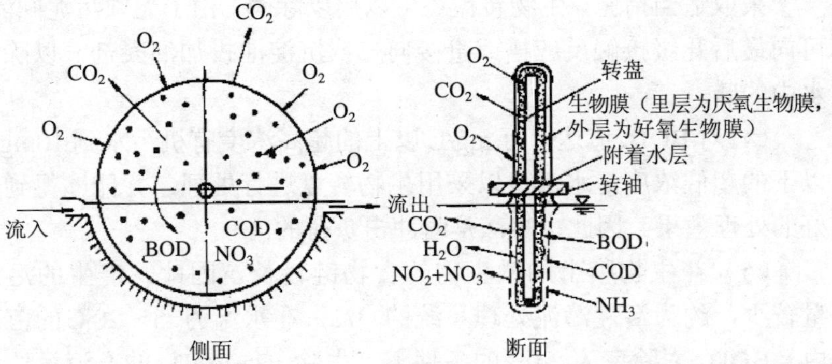

图 7-6 生物转盘净化反应过程与物质传递示意图

生物膜逐渐增厚，在其内部形成厌氧层，并开始老化。老化的生物膜在污水水流与盘面之间产生的剪切力的作用下而剥落，剥落的破碎生物膜在二次沉淀池内被截留，生物膜脱落形成的污泥，密度较高、易于沉淀。

除有效地去除有机污染物外，如运行得当，生物转盘系统具有硝化、脱氮与除磷的功能。

7.2.2 生物转盘系统的特征

作为污水生物处理技术，生物转盘之所以能够被认为是一种效果好、效率高、便于维护、运行费用低的工艺，是因为它在工艺和维护运行方面具有如下各项的特点。

（1）微生物浓度高，特别是最初几级的生物转盘，据一些实际运行的生物转盘的测定统计，转盘上的生物膜量如折算成曝气池的MLVSS，可达 4 万～6 万 mg/L，F∶M 为 0.05～0.1，这是生物转盘高效率主要原因之一。

（2）生物相分级，在每级转盘生长着适应于流入该级污水性质的生物相，这种现象对微生物的生长繁育，有机污染物降解非常有利。

（3）污泥龄长，在转盘上能够增殖世代时间长的微生物，如硝化菌等，因此，生物转盘具有硝化、反硝化的功能。

采取适当措施，生物转盘还可以用以除磷，由于无须污泥回流，可向最后几级接触反应槽或直接向二次沉淀池投加混凝剂，以除去水中的磷。

(4)对 BOD_5 值达 1 万 mg/L 以上的超高浓度有机污水到 10mg/L 以下的超低浓度污水都可以采用生物转盘进行处理，并能够得到较好的处理效果。因此，本法是耐冲击负荷的。

（5）在生物膜上的微生物的食物链较长，因此，产生的污泥量较少，约为活性污泥处理系统的 1/2，在水温为 5～20℃的范围内，BOD_5 去除率为 90%的条件下，去除 1kgBOD_5 的产泥量约为 0.25kg。

（6）接触反应槽不需要曝气，污泥也无须回流，因此，动力消耗低，这是本法最突出的特征之一，据有关运行单位统计，每去除 1kg BOD_5 的耗电量约为 0.7kW・h，运行费用低。

（7）本法不需要经常调节生物污泥量，不存在产生污泥膨胀的麻烦，复杂的机械设备也比较少，因此，便于维护管理。

（8）设计合理、运行正常的生物转盘，不产生滤池蝇、不出现泡沫也不产生噪声，不存在发生二次污染的现象。

（9）生物转盘的流态，从一个生物转盘单元来看是完全混合型的，在转盘不断转动的条件下，接触反应槽内的污水能够得到良好的混合，但多级生物转盘又应作为推流式，因此，生物转盘的流态，应按完全混合—推流来考虑。

7.2.3 生物转盘的组成与构造特点

生物转盘设备是由盘片、转轴和驱动装置以及接触反应槽 3 部分所组成，现分别就其构造要点及技术条件阐述如下。

1）盘片

盘片是生物转盘的主要部件，应具有轻质高强，耐腐蚀、耐老化、易于挂膜、不变形，比表面积大，易于取材、便于加工安装等性质。

（1）盘片的形状。早期出现并沿用至今的为圆形平板。近年来为了加大盘片的表面面积，开始采用正多角形和表面呈同心圆状波纹或放射状波纹的盘片。与平板盘片相比较，波纹状盘片在单位体积内的表面积可提高一倍以上。也有采用波纹状盘片与平板盘片或二重波纹状盘片相结合的转盘。在这方面仍在发展中，就此可参阅有关资料、文献。

（2）盘片直径。一般多为 2.0～3.6m，如现场组装直径可以大些，甚至可达 5.0m。采用表面积较大的盘片，能够缩小接触反应槽的平面面积，减少占地面积。

（3）盘片间距。在决定盘片间距时，主要考虑其不为生物膜增厚所堵塞，并保证通风的效果。生物膜的厚度与进水 BOD_5 值有关，

BOD_5浓度越高，生物膜也将越厚，而硝化过程的生物膜则较薄。盘片间距的标准值为 30mm，如采用多级转盘，则前数级的间距为 25～35mm，后数级为 10～20mm。当采用生物转盘脱氮时，宜于采取较大的盘片间距。

（4）盘片材料。为了减轻盘片的重量，盘片大多由塑料制成，平板盘片多以聚氯乙烯塑料制成，而波纹板盘片则多用聚酯玻璃钢。现在国外研制一种低发泡聚苯乙烯板材，其密度仅为 $0.105g/cm^3$，为普通硬聚氯乙烯塑料的 1/10，盘材厚度仅为 3～7mm。由于用这种材料制成的盘片质轻并具有一定的强度，盘片直径达 4.4m，轴长达 8m。

2）接触反应槽

不小于盘片直径的 35%浸没于接触反应槽的污水中。接触反应槽应呈与盘材外形基本吻合的半圆形，槽的构造形式与建造方法，随设备规模大小，修建场地条件不同而异。对于小型设备转盘台数不多，场地狭小的，为了减少占地面积，接触反应槽可以架空或修建在楼层上，在这种情况时，多用钢板焊制。如修建成地下或半地下式，则可用毛石混凝土砌体，水泥砂浆抹面，再涂以防水耐磨层。

接触反应槽的各部位尺寸和长度，应根据转盘直径和轴长决定，盘片边缘与槽内面应留有不小于 100mm 的间距。槽底应考虑设有放空管，槽的两侧面设有进出水设备，多采用锯齿形溢流堰。对多级生物转盘，接触反应槽分为若干格，格与格之间设导流槽。

3）转轴

转轴是支承盘片并带动其旋转的重要部件。转轴两端固定在接触反应槽两端的支座上。转轴一般采用实心钢轴或无缝钢管。转轴的长度一般应控制在 0.5～7.0m，不能太长，否则往往由于同心圆加工欠佳，易于挠曲变形，发生磨断或扭断，其强度和刚度必须经过力学的计算。其直径一般介于 50～80mm。

转轴中心与接触反应槽液面的距离一般不应小于 150mm，应保证转轴在液面之上，并根据转轴直径与水头损失情况而定。转轴中心与槽内水面的距离（b），见图 7-5，与转盘直径（D）的比值

b：D 为 0.05～0.15，一般取值 0.06～0.1。

4）驱动装置

驱动装置包括动力设备、减速装置以及传动链条等。动力设备有电力机械传动、空气传动及水力传动等。我国一般多采用电力传动。对大型转盘，一般一台转盘设一套驱动装置，对于中、小型转盘，可由一套驱动装置带动 3～4 级转盘转动。

转盘的转动速度是重要的运行参数，必须选定适宜，转速过高既有损于设备的机械强度，消耗电能，又由于在盘面产生较大的剪切力，易使生物膜过早剥离。综合考虑各项因素，转盘的转速以 0.8～3.0r/min，外缘的线速度以 15～18m/min 为宜。

7.3 生物接触氧化

生物接触氧化处理技术的实质之一是在池内充填填料，已经充氧的污水浸没全部填料，并以一定的流速流经填料。在填料上布满生物膜，污水与生物膜广泛接触，在生物膜上微生物的新陈代谢功能的作用下，污水中有机污染物得到去除，污水得到净化，因此，生物接触氧化处理技术，又称为“淹没式生物滤池”。

生物接触氧化处理技术的另一项技术实质是采用与曝气池相同的曝气方法，向微生物提供其所需要的氧，并起到搅拌与混合作用，这样，这种技术又相当于在曝气池内充填供微生物栖息的填料，因此，又称为“接触曝气法”。

据上所述，生物接触氧化是一种介于活性污泥法与生物滤池两者之间的生物处理技术。也可以说是具有活性污泥法特点的生物膜法，兼具两者的优点。

7.3.1 生物接触氧化处理技术的主要特征

（1）本工艺使用多种形式的填料，由于曝气，在池内形成液、固、气三相共存体系，有利于氧的转移，溶解氧充足，适于微生物存活增殖。在生物膜上微生物是丰富的，除细菌和多种原生动物和后生动物外，还能够生长氧化能力较强的球衣菌属的丝状菌，而无污泥膨胀之虑。

在生物膜上能够形成稳定的生态系统与食物链。

（2）填料表面全为生物膜所布满，形成了生物膜的主体结构，由于丝状菌的大量滋生，有可能形成一个呈立体结构的密集的生物网，污水在其中通过起到类似“过滤”的作用，能够有效地提高净化效果。

（3）由于进行曝气，生物膜表面不断地接受曝气吹脱，这样有利于保持生物膜的活性，抑制厌氧膜的增殖，也利于提高氧的利用率，因此，能够保持较高浓度的活性生物量，据实验资料，每平方米填料表面上的活性生物膜量可达 125g，如折算成 MLSS，则达 13g/L，正因为如此，生物接触氧化处理技术能够接受较高的有机负荷率，处理效率较高，有利于缩小池容，减少占地面积。

（4）对冲击负荷有较强的适应能力，在间歇运行条件下，仍能够保持良好的处理效果，对排水不均匀的企业，更具有实际意义。

（5）操作简单、运行方便、易于维护管理，无须污泥回流，不产生污泥膨胀现象，也不产生滤池蝇。

（6）污泥生成量少，污泥颗粒较大，易于沉淀。

（7）可作为三级处理技术。

生物接触氧化处理技术的主要缺点是：如设计或运行不当，填料可能堵塞，此外，布水、曝气不易均匀，可能在局部部位出现死角。

7.3.2 生物接触氧化池的构造及形式

接触氧化池是生物接触氧化处理系统的核心处理构筑物。

7.3.2.1 生物接触氧化池的构造

接触氧化池是由池体、填料、支架及曝气装置、进出水装置以及排泥管道等部件组成（图 7-7）。

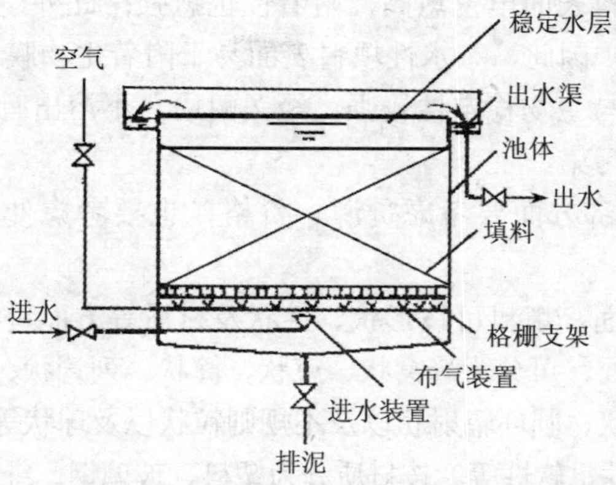

图 7-7 接触氧化池构造图

1）池体

接触氧化池的池体在平面上多呈圆形和矩形或方形，用钢板焊接制成或用钢筋混凝土浇灌砌成。各部位的尺寸为：池内填料高度为 3.0～3.5m；底部布气层高为 0.6～0.7m；顶部稳定水层 0.5～0.6m，总高度为 4.5～5.0m。

2）填料

填料是生物膜的载体，所以也称为载体。填料是接触氧化处理工艺的关键部位，它直接影响处理效果，同时，它的费用在接触氧化系统的建设费用中占的比重较大，所以选定适宜的填料是具有经济和技术意义的。

对填料的要求如下：

（1）在水力特性方面，比表面积大、孔隙率高、水流通畅、良好、阻力小、流速均一。

（2）在生物膜附着性方面，应当有一定的生物膜附着性，因此，有生物型和物理化学方面的影响因素，在物理方面的因素主要是填料的外观形状、应当是形状规则、尺寸均一，表面粗糙度较大等。

生物膜附着性还与微生物和填料表面的静电作用有关，微生物多带负电，填料表面电位愈高，附着性也愈强；此外，微生物为亲水的极性物质，因此，亲水性填料表面易于附着生物膜。

（3）化学与生物稳定性较强，经久耐用，不溶出有害物质，不导致产生二次污染。

（4）在经济方面要考虑货源、价格，也要考虑便于运输与安装等。

在种类方面，填料可按形状、性状及材质等方面进行区分。

在形状方面，可分为蜂窝状、束状、筒状、列管状、波纹状、板状、网状、盾状、圆环辐射状以及不规则粒状以及球状等。按性状分为硬性、半软性、软性等。按材质分为塑料、玻璃钢、纤维等。

7.3.2.2 接触氧化池的形式

目前，接触氧化池在形式上，按曝气装置的位置，分为分流式与直流式；按水流循环方式，又分为填料内循环与外循环式。

分流式接触氧化池，就是使污水在单独的隔间内进行充氧，在这里进行激烈的曝气和氧的转移过程，充氧后污水又缓缓地流经充填着填料另一隔间，与填料和生物膜充分接触，这种外循环方式使污水多次反复地通过充氧与接触两个过程，溶解氧是充足的，营养条件良好，再加上安静的环境，非常有利于微生物的生长繁殖。但是，这种装置在填料间水流缓慢，冲刷力小，生物膜更新缓慢，而且逐渐增厚易于形成厌氧层，可能产生堵塞现象，在 BOD_5 负荷率高的情况下不宜采用。

分流式接触曝气池根据曝气装置的位置又可分为中心曝气型与单侧曝气型两种。中心曝气接触氧化池，池中心为曝气区，其周围外侧为充填填料的接触氧化区，处理水在其最外侧的间隙上升，从池顶部溢流排走。单侧曝气型接触氧化池，填料设在池的一侧，另一侧为曝气区，原污水首先进入曝气区，经曝气充氧后从填料上流下经过填料，污水反复在填料区和曝气区循环往复，处理水则沿设于曝气区外侧的间隙上升进入沉淀池。

7.4 生物流化床

7.4.1 生物流化床的原理与概念

进一步强化生物处理技术，加强微生物群体降解有机物的功能，提高生物处理设备处理污水的效率，其关键的技术条件是：

（1）提高处理设备单位容积内的生物量；

（2）强化传质作用，加速有机物从污水中向微生物细胞的传递过程。

对第一项条件采取的技术措施，是扩大微生物栖息、繁殖的表面积，提高生物膜量。

对第二项条件采取的技术措施，是强化生物膜与污水之间的接触，加快污水与生物膜之间的相对运动。

生物膜法发展过程，就是对这两项条件采取的具体技术措施的发展过程。流化床是以沙、活性炭、焦炭一类的较小的惰性颗粒为载体充填在床内，载体表面被覆着生物膜，其质变轻，污水以一定流速从下向上流动，使载体处于流化状态。载体颗粒小、总体的表面积大（每立方米载体的表面积可达 2 000～3 000m^2），以 MLSS 计算的生物量高于任何一种的生物处理工艺。能够满足对生物处理技术强化提出的第一项要求。

载体处于流化状态，污水从其下部、左、右侧流过，广泛而频繁多次地与生物膜相接触，又由于载体颗粒小在床内比较密集，互相摩擦碰撞，因此，生物膜的活性也较高，强化了传质过程。又由于载体不停地在流动，还能够有效地防止堵塞现象。这样第二项条件也得到一定程度的满足。

国内外的试验研究结果表明，生物流化床用于污水处理具有 BOD 容积负荷率高、处理效果好、效率高、占地少以及投资省等优点，而且运行适当还可取得脱氮的效果。

7.4.2 生物流化床的构造

生物流化床是由床体、载体、布水装置、充氧装置和脱膜装置等部分组成，现分别简要阐述如下：

（1）床体。平面多呈圆形，多由钢板焊制，需要时也可以由钢筋混凝土浇灌砌制。

（2）载体。是生物流化床的核心部件。

（3）布水装置。均匀布水对生物流化床能够发挥正常的净化功能是至关重要的环节，特别是对液动流化床（二相流化床）更为重要。布水不均，可能导致部分载体沉积而无法形成流化，使流化床的工作受到破坏。布水装置又是填料的承托层，在停水时，载体不流失，并易于再次启动。

（4）脱膜装置。及时脱除老化的生物膜，使生物膜经常保持一定的活性，是生物流化床维持正常净化功能的重要环节。气动流化床，一般不需另行设置脱膜装置，此前已述及。脱膜装置主要用于液动流化床，可单独另行设立，也可以设在流化床的上部。

第 8 章　太湖流域农村生活污水处理示范工程

目前，国内外研究较多的技术有：人工湿地（包括地表水、潜流和垂直流）生态处理系统，快速渗滤处理系统、地埋式有-无动力厌氧处理技术等。

各种污水处理技术在太湖流域各县市的农村地区都进行了广泛的试点应用，范围遍布苏州、无锡、常州、镇江以及南京等地。各地进行试点的处理技术主要有 A/O 生化处理——人工湿地、EV 生化生态复合塘——生态系统组合净化湿地、微动力净化装置——潜流式人工湿地、阿尔蔓生态基原位强化处理、人工湿地生态床、塔式蚯蚓生态滤池和毛细管渗滤沟等农村生活污水处理技术及其他各种组合技术。其中，分布在南京、镇江、常州、无锡及苏州的在建和已建的各种技术示范基地分别为 2 项、39 项、156 项、192 项和 164 项，共计 553 项。以下就目前使用较多的技术进行概述，包括工艺流程、技术特点和处理效果等方面。

8.1 植物土壤渗滤——人工湿地

植物土壤渗滤——人工湿地乡村生活污水处理模式主要是将污水收集后提升进入污水沉淀池，提升动力采用太阳能，经过沉淀后污水自流进入土壤处理系统。经过净化后的污水进入景观植物吸收塘，进一步降低水中的氮、磷等营养物质，最终出水用于绿化或作物的灌溉水，基本不外排。经多次测定，主要污染物指标接近《城镇污水处理厂污染物排放标准》（GB 18918—2002）中的一级 A 排放标准。

示范工程

单位名称：太仓市协心村

地　　址：太仓市协心村

工艺技术

技术原理：土壤处理系统通过布水管和毛细管的虹吸作用，将污水均匀分布于根据现场土质人工配置的通气透水性能良好的人工土壤中，通过人工土壤中聚集着的大量微生物和各种微型动植物，将污水中的有机物吸附、降解、转化为 CO_2 和水，有机氮被分解转化为硝酸盐或氮气，大部分磷被吸附和截留，土壤中大量原生动物和后生动物以微生物为食，减少了剩余污泥量。经过净化后的污水进入景观植物吸收塘，进一步降低水中的氮、磷等营养物质，最终出水用于绿化或作物的灌溉水，基本不外排。

技术规模：日处理能力在1t以下。水力负荷一般为0.03～0.04 m^3/（m·d）。BOD_5 负荷应小于 2.0g/（m^2·d）。

工艺流程见图 8-1。

图 8-1　工艺流程

特点：系统运行稳定、可靠，抗冲击负荷能力强；在高效去除 BOD_5 的同时能去除氮、磷，对水源保护意义重大；建设容易、维护简便、基建投资少、运转费用低；整个系统在地表下，不会散发臭气，地面草坪还可以美化环境；将污水处理与绿化建设相结合，实现了污水的资源化利用。

设备：布水管。

指标和参数

处理效果：对生活污水中的有机物和氮、磷等具有较高和稳定的去除效果，COD_{Cr} 去除率＞80%，BOD_5 去除率＞90%，NH_3-N 去除率＞90%，TP 去除率＞98%。

成本：成本低，无运行费用。

适用范围

分散的几户或十几户人家适合采用地下土壤渗滤净化系统。

应用情况

（1）应用单位：无锡市东港镇陈市村周家庄村

地　　址：无锡市东港镇陈市村周家庄村；

规　　模：处理户数 59 户，日处理规模 18t；

效　　果：接近一级 A 排放标准。

（2）应用单位：无锡市东港镇陈市村河南村

地　　址：无锡市东港镇陈市村河南村；

规　　模：处理户数 75 户，日处理规模 23t；

效　　果：接近一级 A 排放标准。

示范工程照片见图 8-2 和图 8-3。

图 8-2　武进区雅浦村植物土壤渗滤——人工湿地

图 8-3　太仓市协心村毛细管渗滤

8.2 厌氧净化-跌水充氧接触氧化-人工湿地工艺

示范工程

应用单位：惠山区洛社镇铁路桥村

地　　址：惠山区洛社镇铁路桥村

工艺技术

技术原理：该组合工艺由厌氧池、跌水充氧接触氧化池和人工湿地三个处理单元串联组成。厌氧池为预处理单元，用于降低有机物浓度，以减轻后续处理单元的负荷并降低需氧量；接触氧化池主要用于去除有机物和氨氮，该池利用提升泵的剩余扬程，使污水从高处多级跌落而自然复氧，以满足接触氧化池对溶解氧的需求，采用这种充氧方式可降低能耗和运行费用；人工湿地系统可进一步去除有机物和氮、磷营养物，保证出水水质达标排放。

技术规模：工程按照 600 人规模，处理能力 90t/d 设计。

工艺流程见图 8-4。

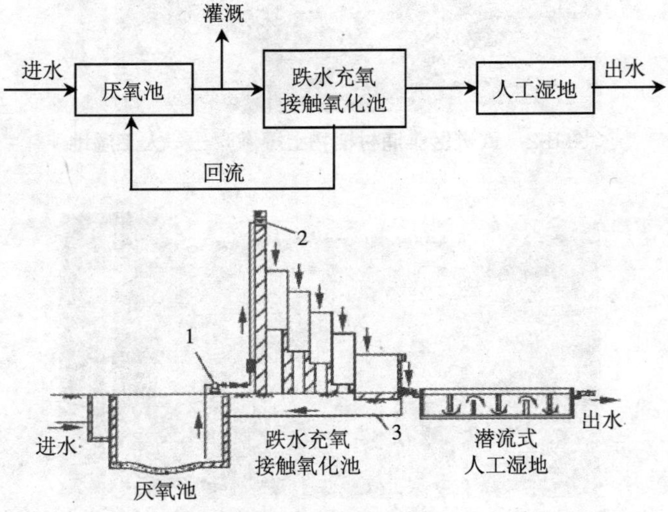

1—自吸式水泵；2—高位水箱；3—回流管

图 8-4　工艺流程

特点：跌水充氧技术无须曝气装置，大幅度节能，同时跌水充氧反应器叠层布置有效节省占地面积，脱磷除氮效果好。

设备：厌氧池、跌水充氧接触氧化池。

指标和参数

处理效果：COD、TN、TP 的平均去除率分别为 75%、76%、84%。出水 COD、TN、TP 指标可达到《城镇污水处理厂污染物排放标准》（GB 18918—2002）的一级 B 标准。

成本：系统户均建设成本为 1 800～2 000 元，设备运行成本仅为水泵提升消耗的电费，为 0.1～0.2 元/t。

运行参数：厌氧池水力停留时间 12～30h，污泥清掏周期 360d；跌水充氧接触氧化池由 5 个单池串联而成，每级跌水高度为 0.5～1.2m；人工湿地水力负荷为 0.24～0.30m^3/（m^2・d）。

使用范围

适用于居住相对集中且有闲置荒地、废弃河塘的村庄，尤其适合于有地势差、有乡村旅游产业基础或对氮、磷去除要求较高的村庄，处理规模不宜超过 150t/d。

应用情况

（1）应用单位：宜兴市大浦镇林庄

地　址：宜兴市大浦镇林庄；

规　模：日处理能力 5～10m^3/d；

效　果：厌氧-跌水充氧接触氧化-人工湿地组合工艺对 COD 和 TN 的平均去除率分别可达 81%和 83%；对 TP 的平均去除率在进水 TP>1.5mg/L 时达 82%，在进水 TP＜1.5mg/L 时为 72%，此时出水 TP 平均浓度＜0.3mg/L。

（2）应用单位：无锡锡山区

地　址：无锡锡山区；

规　模：日处理能力 90m^3/d；

效　果：处理后水质可达到《城镇污水处理厂污染物排放标准》（GB 18918—2002）的一级 B 标准。

示范工程照片见图 8-5。

跌水充氧接触化池　　人工湿地系统

图 8-5　惠山区洛社镇铁路桥村厌氧净化+跌水充氧接触氧化+人工湿地工程图

8.3 微动力净化装置——潜流式人工湿地

该技术仅需微量动力外，是去碳、脱氮、除磷一体化生物处理工程，节约用地和工程投资。但具体方案要结合地形进行设计。

示范工程

单位名称：江阴市长泾镇蔡桥村草河岸村

地　　址：江阴市长泾镇蔡桥村草河岸村

工艺技术

技术原理：该系统分为厌氧硝化、曝氧硝化、人工湿地净化过程，其厌氧硝化主要通过土壤进行，通过在厌氧硝化出水口、曝氧池、一级生物净化、二级生物净化、三级生物净化。

技术规模：日处理能力为 60t。

工艺流程见图 8-6。

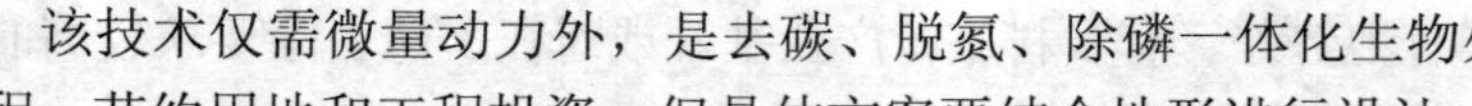

图 8-6　工艺流程

特点：处理工艺稳定，去污效果良好；工程造价低，运行成本低；污泥产生量少，自动化运行并且维护量小而简便。

设备：微动力装置。

指标和参数

处理效果：处理后水质达到《城镇污水处理厂污染物排放标准》（GB 18918—2002）一级 B 类标准。

成本：总投资 30 多万元，吨投资为 600～1 000 元/m^3，单位运行成本为 0.2～0.3 元/m^3。

运行参数：日处理能力为 60t，铺设生活污水管网为 1.8km。

适用范围

分散式农村生活污水。

应用情况

（1）单位名称：常州市奔牛镇何家塘村后王自然村

地　　址：常州市奔牛镇何家塘村后王自然村；

规　　模：处理户数 100 户，日处理规模 32t；

效　　果：总磷下降 51.7%，悬浮物下降了 46.7%，达到《城镇污水处理厂污染物排放标准》（GB 18919—2002）一级 B 的出水标准。

（2）单位名称：常州市嘉泽镇闵市村小方塘

地　　址：常州市嘉泽镇闵市村小方塘；

规　　模：处理户数 100 户，日处理规模 32t；

效　　果：达到《城镇污水处理厂污染物排放标准》（GB 18919—2002）一级 B 出水标准。

示范工程照片见图 8-7。

图 8-7　微动力净化装置——潜流式人工湿地

8.4 EV生化生态复合塘——生态系统组合净化湿地

该工艺已在环太湖地区实施了 16 项，该处理工艺是生化技术和由水生植物、动物、微生物等构建的生态净化系统有机结合的水污染治理系统。生态系统内多物种相互协调、相互依存、相互促进、综合利用。综合净化能力高于单一技术的效果，生态景观效果也优美、和谐、自然。该技术污水处理量较大，运营成本低，但对生态池塘面积要求较高。

示范工程

单位名称：常州市武进区遥观镇留道村

地　　址：常州市武进区遥观镇留道村

工艺技术

技术原理：EV 生化+生态系统组合净化技术，是生化技术和由水生植物、动物、微生物等构建的生态净化系统有机结合的高效水污染治理系统。生态系统内多种物种相互协调、相互依存、相互促进、综合利用。农村家庭生活污水经格栅滤除较大的固体杂物后进入集水池，再通过潜污泵提升至 EV 生化池，再进入生态系统进一步净化，COD_{Cr}、BOD_5 及 SS 大部分被去除，并通过硝化、反硝化反应去除污水中大部分氮，同时水解反应硝化了大部分生物污泥。

技术规模：处理户数 402 户，日处理 142t。

工艺流程见图 8-8。

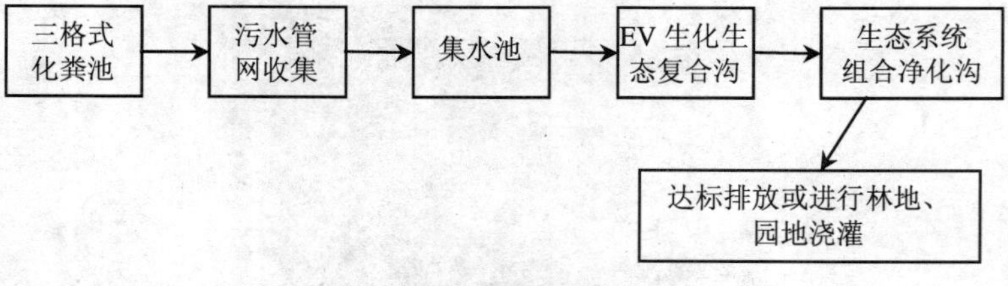

图 8-8　工艺流程

特点：综合净化能力高于单一技术的效果，生态景观效果也优美、和谐、自然。该技术污水处理量较大，运营成本低，但对生态池塘面积要求较高。

设备：EV 生化池、生态系统组合净化沟。

所处水平：新一代的生化生态生态修复组合技术。

指标和参数

处理效果：出水指标达到《城镇污水处理厂污染污排放标准》一级 B 的出水标准要求。

表 8-1　出水水质指标一览表　单位：mg/L

项目	pH	COD	SS	NH_3-N	BOD_5	总磷	动植物油
数值	6～9	≤60	≤20	≤8	≤20	≤1.0	≤3

成本：投资只相当于常规污水处理厂的 1/3，运营成本只有常规污水处理费用的 1/5。

适用范围

适合自来水供水、卫生设施和排水设施均较为完善，但生活污水缺乏统一、集中收集的自然村。

应用情况

EV 生化生态组合技术，是新一代的生化生态修复组合技术，其重要花园式污水处理厂已经在江苏省政府推广，建成后，不仅能处理生活污水，还能为周边居民提供一个娱乐、休闲的场所。该工艺已在环太湖地区实施了 16 项，主要在常州武进区和金坛市，且近几年该工艺在南通市也被多次使用。应用案例如下：

（1）应用单位：常州市武进区郑陆镇白茅村

地　　址：常州市武进区郑陆镇白茅村；

规　　模：处理户数 307 户，日处理 109t；

效　　果：出水指标达到《城镇污水处理厂污染污排放标准》一级 B 的出水标准要求。

（2）应用单位：常州市武进区郑陆镇焦溪村

地　　址：常州市武进区郑陆镇焦溪村；

规　　模：处理户数 402 户，日处理 142t；

效　　果：出水指标达到《城镇污水处理厂污染污排放标准》一级 B 的出水标准要求。

（3）应用单位：常州市薛埠镇罗村村王达里

地　　址：常州市薛埠镇罗村村王达里；

规　　模：处理户数 146 户，日处理规模 80t；

效　　果：出水指标达到《城镇污水处理厂污染污排放标准》一级 B 的出水标准要求。

示范工程照片见图 8-9 和图 8-10。

图 8-9　EV 生化生态复合塘——生态系统组合净化湿地效果图

图 8-10　江阴华士 EV 生化生态复合塘——生态系统组合净化湿地现场图

8.5 地埋式微动力氧化沟技术

示范工程

应用单位：苏州市吴中区淞南村

地　　址：苏州市吴中区淞南村

工艺技术

技术原理：该污水处理装置组合利用沉淀、厌氧水解、厌氧硝化、接触氧化等处理方法，进入处理设施后的污水，经过厌氧段水解、硝化，有机物浓度降低，再利用提升泵提升同时对好氧滤池进行射流充氧，氧化沟内空气由沿沟道分布的拔风管自然吸风提供。已建有三格化粪池的村庄可根据化粪池的使用情况适当减小厌氧消化池的容积。

技术规模：淞南村工程共收集淞南村所辖大库老村、袁家浜、富丽新村三个农民居住区 209 户居民和农业观光园的生活污水，设计处理水量 200t/d。

工艺流程见 8-11。

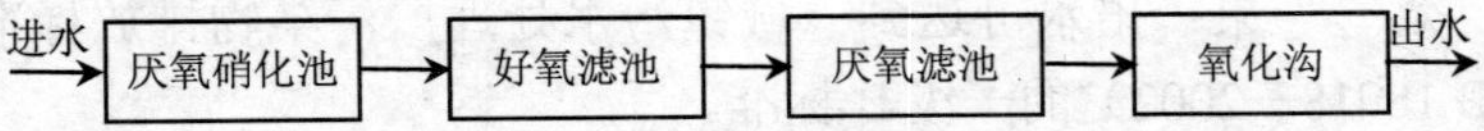

图 8-11　工艺流程

特点：处理工艺成熟，全部埋入地下，不影响环境和景观。

设备：生物滤池、硝化池。

所处水平：目前处理生活污水的一项最新实用处理技术。

指标和参数

处理效果：COD_{Cr} 和总磷的去除率分别为 72%、74%，出水中的 COD_{Cr}、SS 和总磷指标可达到《城镇污水处理厂污染物排放标准》（GB 18918—2002）的一级 B 标准；氨氮去除效果受射流充氧和氧化沟自然拔风效果的影响较大。

成本：工程建设费用约为 35 万元，系统户均建设成本为 1 800～

2 200 元，设备运行成本仅为水泵提升消耗的电费，为 0.2～0.3 元/t 水。

运行参数：厌氧硝化池水力停留时间≥10h；厌氧滤池水力停留时间≥16h；好氧滤池水力停留时间≥5h。

使用范围：适用于土地资源紧张、集聚程度较高、经济条件相对较好和有乡村旅游产业基础的村庄。

应用情况

地埋式微动力氧化沟技术因为全部埋入地下，不影响环境和景观，在环太湖一带尤其是太仓市北广泛使用，以下为该技术在太仓的三个应用案例：

（1）应用单位：太仓市璜泾镇新明村

地　　址：太仓市璜泾镇新明村；

规　　模：日处理 200t，管网 9km；

效　　果：出水可达到《城镇污水处理厂污染物排放标准》（GB 18918—2002）的一级 B 标准。

（2）应用单位：太仓市双凤镇维新村

地　　址：太仓市双凤镇维新村；

规　　模：日处理 200t，管网 7km；

效　　果：出水可达到《城镇污水处理厂污染物排放标准》（GB 18918—2002）的一级 B 标准。

（3）应用单位：太仓市浮桥镇荷池村

地　　址：太仓市浮桥镇荷池村；

规　　模：日处理 120t，管网 7km；

效　　果：出水可达到《城镇污水处理厂污染物排放标准》（GB 18918—2002）的一级 B 标准。

8.6 阿科蔓生态基纳污河道原位处理

阿科蔓生态技术是一种简单、生态、有效、可持续发展的环保技术，为农村河道治理系统中的自然技术。具有因地制宜、就地处理、处理系统灵活多样，治理目标兼容了环境卫生的整治和系统水生态建设，处理系统功能多样化，大量减少管网建设、投资运营费用低，实施简单、见效快、管理技术要求低、系统的可控性强等特点；该技术最大特点是利用河涌现有的自然条件。

示范工程

单位名称：常州市武进区遥观镇宋剑湖村

地　　址：常州市武进区遥观镇宋剑湖村

工艺技术

技术原理：大量的微生物附着在阿科蔓生态基表面，对有机营养物进行吸附、生物氧化，其表层的微 A/O 环境及其微孔结构，为硝化、反硝化细菌以及藻类生长创造了适宜的条件，最终将有机物分解，或转化成为微生物组分（图 8-12 和图 8-13）。

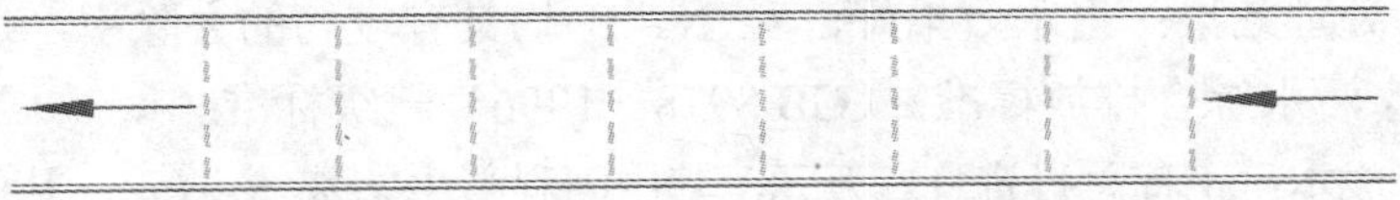

图 8-12　阿科蔓生态基平面布置示意图

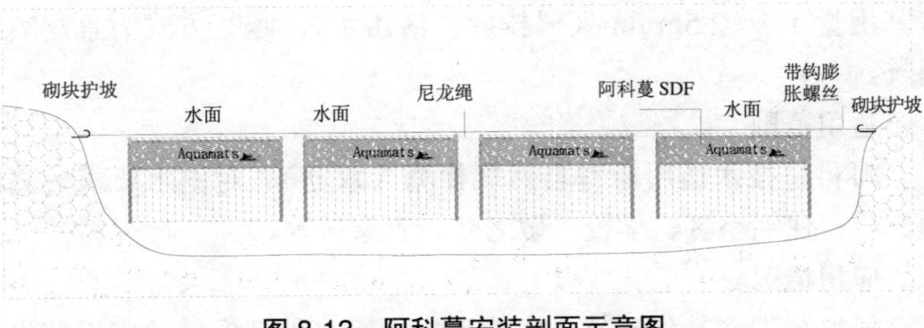

图 8-13　阿科蔓安装剖面示意图

技术规模：临安市乐平乡七坑村共有农户 105 户，约 350 人，每天产生的生活污水量为 $52.5m^3$，基本上是无序排放。

工艺流程见图 8-14。

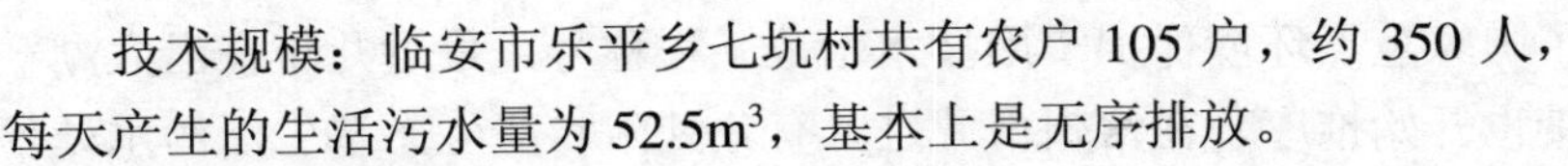

图 8-14　工艺流程

特点：①高生物附着表面积，阿科蔓生态基生物附着表面积$250m^2/m^2$，湿地与天然植物、生物生长载体、蜂巢型人工载体生物附着表面积分别为 5、50、$88m^2/m^2$。②采用超级编织技术，两面、两段型结构设计。阿科蔓生态基分为两面型和两段型两种结构形式。BDF 型两面型设计：一面编织较密实（有益于菌类的生长），另一面编织较疏松（有益于藻类的生长）；SDF 型两段型设计：上部结构较为疏松（有益于藻类的生长），下部较为密实（有益于菌类的生长）。

设备：阿科蔓生态基。

所处水平：先进水平。

指标和参数

处理效果：出水效果好，对 N、P 均具有较高的去除率，达到《国家污水综合排放标准》（GB 8978—1996）一级标准。

成本：工程总投资 12 万元，其中阿科蔓生态基 5 万元，其他水塘改造、预处理池、喷泉系统等约 7 万元，运行费用约为 2 500 元/a。

运行参数：停留时间＞20d，设计水深 1.2～1.8m，阿科蔓生态基用量 1.5～$2.5m^2/m^3$（日排放生活污水），曝气方式为景观喷泉曝气。

适用范围

阿科蔓技术适用于有自然氧化塘（水塘）、对出水要求较高的镇、村、住宅小区、学校、敬老院、农家乐等。

应用情况

阿科蔓生态基处理技术在我国生活污水处理领域的应用首先是在浙江省试行，在浙江省安吉县的农村生活污水就地处理项目获得了国家重点环境保护实用技术示范工程称号。最近几年在沿太湖一带也开始推广，在常州市武进区有几处阿科蔓生态基生活污水处理工程正在建设中。以下为应用案例：

应用单位：常州市武进区横林镇江村村

地　　址：常州市武进区横林镇江村村；

规　　模：处理户数 170 户，日处理 60t；

效　　果：达到《国家污水综合排放标准》(GB 8978—1996)一级 B 标准。

示范工程照片见图 8-15。

图 8-15 阿科蔓生态基原位塘

8.7 集中式复合生物滤池人工湿地处理技术

示范工程

单位名称：无锡市惠山区阳山镇阳山村

地　　址：无锡市惠山区阳山镇阳山村

工艺技术

技术原理：农村家庭生活污水经化粪池组建收集后，经管道送入污水处理系统，再经格栅和均化调节池预处理后，进入复合生物滤池模块系统，生物滤池采用珍珠岩、陶粒、废石膏等多层复合滤料的新型填料，污水与模块中功能性特效调料及附着微生物充分接触和吸附降解，复合生物滤池出水进入人工湿地系统，进一步去除污水中的有机污染物、氮和磷，排水达到国家一级排放标准。

技术规模：设计规模 70 户，设计处理水量 20t/d。

工艺流程见图 8-16。

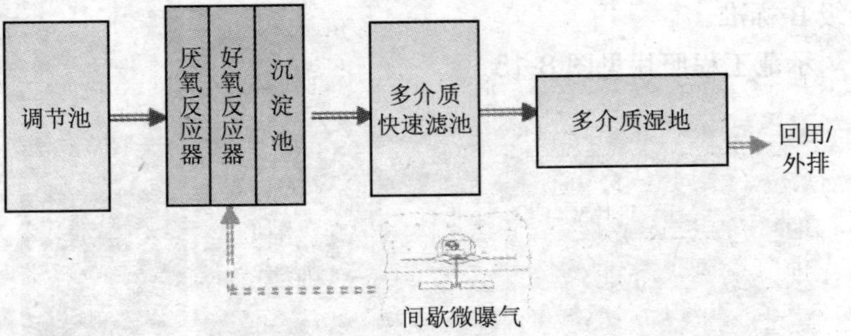

图 8-16 工艺流程

特点：模块化设计，具有因地制宜安装方便，占地面积小，经济合理、安全可靠等特点。

设备调节：调节池、厌氧和好氧反应器、沉淀池、复合生物滤池、人工湿地。

指标和参数

处理效果：水质可达到国家一级排放标准。

成本：工程建设费用约 41.9 万元，其中调节池 1.52 万元，生物滴滤池 7.01 万元，人工湿地系统 9.05 万元，管网建设 25.84 万元。设备运行成本约为 0.1 元/t 水。

适用范围

适用于土地资源紧张或拥有自然池塘、居住集聚程度较高、经济条件相对较好和有乡村旅游产业基础的村庄，尤其适合于有地势差或对氮磷去除要求较高的村庄。

应用情况

复合生物滤池抗冲击负荷能力强，耐低温，无污泥膨胀，可避免微生物流失，保持较高的微生物量，日常运行管理简单，处理效果稳定。由于其为半封闭或全封闭构筑物，其生化反应受外界温度影响较小，因此在冬季也可有效处理生活污水。该技术和其相似技术在环太湖地区广泛使用，在常州、无锡和苏州相关工程项目较多。列举应用案例如下：

（1）应用单位：苏州市塘桥镇刘村村刘巷

地　　点：苏州市塘桥镇刘村村刘巷；

规　　模：处理户数 108 户，日处理规模 26t；

效　　果：水质可达到国家一级排放标准。

（2）应用单位：苏州市杨舍镇晨南村珑山林村

地　　点：苏州市杨舍镇晨南村珑山林村；

规　　模：处理户数 85 户，日处理规模 21t；

效　　果：水质可达到国家一级排放标准。

（3）应用单位：苏州市大新镇朝东圩港村七圩埭

地　　点：苏州市大新镇朝东圩港村七圩埭；

规　　模：处理户数 80 户，日处理规模 20t；

效　　果：水质可达到国家一级排放标准。

示范工程照片见图 8-17。

工程全景

生物滤池

图 8-17　无锡市惠山区阳山镇阳山村示范工程图

8.8 厌氧池-滴滤池——人工湿地

示范工程

单位名称：南京市江宁区禄口街道石埝村

地　　址：南京市江宁区禄口街道石埝村

工艺技术

技术原理：生活污水进入厌氧滤池，截流大部分有机物，并在厌氧发酵作用下，被分解成稳定的沉渣；厌氧滤池出水进入氧化塘，通过自然充氧补充溶解氧，氧化分解水中有机物；生态渠利用水生植物的生长，吸收氮磷，进一步降低有机物含量。

技术规模：该工程按照 150 户规模，人均污水排放量 100L/d 设计，设计处理水量 52.5t/d。

工艺流程见图 8-18。

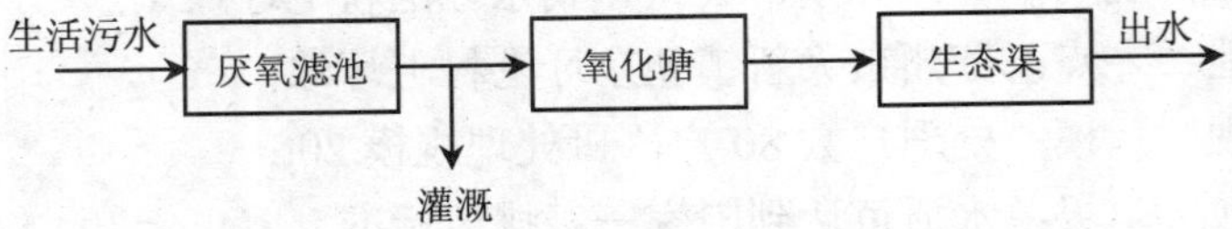

图 8-18 工艺流程

特点：该工艺采用生物、生态结合技术，可根据村庄自身情况，因势而建，无动力消耗。厌氧滤池可利用现有净化沼气池改建，氧化塘、生态渠可利用河塘、沟渠改建。生态渠通过种植经济类的水生植物（如水芹、空心菜等），可产生一定的经济效益。

设备：厌氧滤池。

指标和参数

处理效果：COD_{Cr}、氨氮和总磷的平均去除率分别达到 70%、85%和 55%，SS＜20 mg/L，出水水质可达到《城镇污水处理厂污染物排放标准》（GB 18918—2002）的一级 B 标准。

成本：系统户均建设成本为 1 200～1 500 元，无设备运行费用。

运行参数：厌氧滤池停留时间≥24h，污泥清掏周期 360d；氧化塘停留时间≥18h，生态渠水力负荷 0.3～0.6m^3/（m^2 • d）。

适用范围

适用于拥有自然池塘或闲置沟渠且规模适中的村庄，处理规模不宜超过 200t/d。

示范工程照片见图 8-19。

氧化塘

跌水

水培植物净化渠

生态渠

图 8-19　南京市江宁区禄口街道石埝村厌氧池-滴滤池——人工湿地

8.9 无动力净化装置——人工湿地技术

示范工程

单位名称：高淳县椏溪镇顾陇村

地　　址：高淳县椏溪镇顾陇村

工艺技术

技术原理：生活污水处理池分为前处理区和后处理区。前处理区为厌氧发酵池，有沼气池和埋地式发酵池。无动力前处理段厌氧发酵比较充分，有机物的去除效率比较高，后处理段兼性滤池的生物过滤效果明显，其缺陷是对悬浮物、氨氮和磷的去除效果差一些。而人工湿地生活污水处理工艺去除氨氮和磷的效果非常好。

技术规模：设计处理能力 180m³/d。

工艺流程见图 8-20。

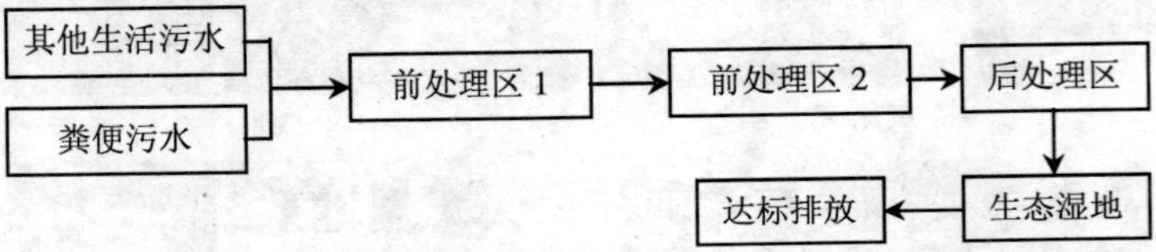

图 8-20　工艺流程

特点：工艺简单、建造成本较低，占地面积小，同时能耗低，操作方便，投资运行费低。

设备：发酵池。

指标和参数

处理效果：本项目建成后，出水水质 COD_{Cr}39mg/L、氨氮 1.51mg/L，总磷 0.012 0mg/L，总氮 2.49mg/L，达到 GB 18918—2002 规定的一级 B 标准。

成本：本项目完成总投资 303.7 万元。

适用范围

适用于土地资源紧张以及经济不是很发达的农村地区。

应用情况

该技术由于工艺简单、建设成本低和能耗低等特色在环太湖一带广泛使用，如镇江丹阳的分散式农村生活污水处理和无锡的乡村生活污水处理。列举在环太湖三个应用案例如下：

（1）应用单位：常州金坛市尧塘镇红旗村

地　　点：常州金坛市尧塘镇红旗村；

规　　模：处理户数 250 户，日处理 88t；

效　　果：处理后水质达到 GB 18918—2002 规定的一级 B 标准。

（2）应用单位：无锡市宜城镇南园村泽南组

地　　点：无锡市宜城镇南园村泽南组；

规　　模：处理户数 51 户，日处理规模 13t；

效　　果：处理后水质达到 GB 18918—2002 规定的一级 B 标准。

（3）应用单位：无锡市周铁镇周铁村周家

地　　址：无锡市周铁镇周铁村周家；

规　　模：处理户数 100 户，日处理规模 25t；

效　　果：处理后水质达到 GB 18918—2002 规定的一级 B 标准。

8.10 塔式蚯蚓生态滤池——人工湿地系统

本技术由南京大学依托“十五”863 课题自主研发，根据农村生活污水排放现状与潜流式人工湿地技术进行了系统集成，组合了厌氧、好氧和兼氧单元，有效保证了塔式蚯蚓生态滤池系统在低温条件下污染物去除效果。

示范工程

单位名称：太仓市牌楼村

地　　址：太仓市牌楼村

工艺技术

技术原理：蚯蚓生态滤池是根据蚯蚓具有吞食有机物、提高土壤渗透性能和蚯蚓与微生物的协同作用等生态学功能而设计的一种污水生态系统处理技术。

技术规模：日处理污水量为 10～150t，占地面积 50～200m^2，水力负荷 1m^3/（m^2 · d），停留时间 2～4h。

工艺流程见图 8-21。

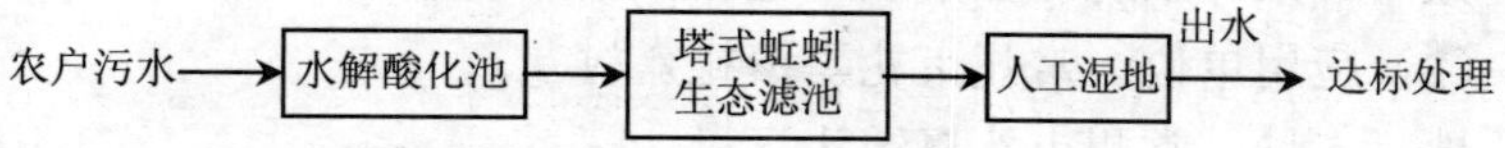

图 8-21　工艺流程

特点：蚯蚓生态滤池具有基建及运行管理费用低、氮磷去除能力强；技术占地面积小，可根据地形等调节装置；处理出水水质好且可回用等特点。

设备：污水提升泵、格栅、塔式蚯蚓生物滤池，隔油器等。

所处水平：先进水平。

指标和参数

处理效果：总氮去除率＞75%，总磷去除率＞85%，氨氮去除率＞85%，COD_{Cr}去除率＞80%。

成本：装置成本 2 500～3 500 元/t，运行费小于 0.3 元/t。

适用范围

50～300 户居民分布相对较集中的村落，经济较发达、人口密集的农村地区，适应条件较广，这些地区的生活污水氮磷含量高，平均分别为 20～50mg/L 和 3～8mg/L，COD_{Cr} 为 300～600mg/L，但重金属含量较低，且污水可生化性较好。

应用情况

塔式蚯蚓生态滤池处理系统是一种因地制宜、简易高效地处理农村生活污水的系统，南京大学的该处理系统的建设成本与其他技术相比低很多，首先在太仓市试点，每座污水处理装置实际成本仅为 3 万多元，每日运行成本仅为电费。目前，太仓市城厢镇永丰村、新农村、璜泾镇杨漕村、陆渡镇洙泾村、洙桥村、浏河镇浏南村、浮桥镇牌楼村 7 个村庄和常州市 6 个村庄均采用这种装置进行污水处理，如以下几个村庄：

（1）应用单位：常州市雪堰镇黄墅村

地　　址：常州市雪堰镇黄墅村；

规　　模：处理户数 300 户，日处理规模 96t；

效　　果：系统出水水质可达到一级 A 标准。

（2）应用单位：常州市礼嘉镇礼嘉村

地　　址：常州市礼嘉镇礼嘉村；

规　　模：处理户数 210 户，日处理规模 68t；

效　　果：系统出水水质可达到一级 A 标准。

（3）应用单位：洛阳镇岑村

地　　址：洛阳镇岑村；

规　　模：处理户数 200 户，日处理规模 64t；

效　　果：系统出水水质可达到一级 A 标准。

示范工程照片见图 8-22 至图 8-25。

图 8-22　太仓市塔式蚯蚓生态滤池-人工湿地处理示范工程——生态滤池

图 8-23　太仓市塔式蚯蚓生态滤池-人工湿地处理示范工程——人工湿地

图 8-24　正在建设中的蚯蚓生态滤池

图 8-25　蚯蚓生态滤池的布水装置

8.11 生物净化槽-强化生态浮床工艺

示范工程

单位名称：崇明岛农村地区

地　　址：崇明岛农村地区

工艺技术

技术原理：生物净化槽（BPT）可以有效地对有机物进行生物降解，强化生态浮床（EEFR）则进一步去除了氮和磷。

技术规模：水力负荷为 0.5m/（m·d），设计容积负荷（BOD）为 0.1kg/（m·d）。

工艺流程见图 8-26。

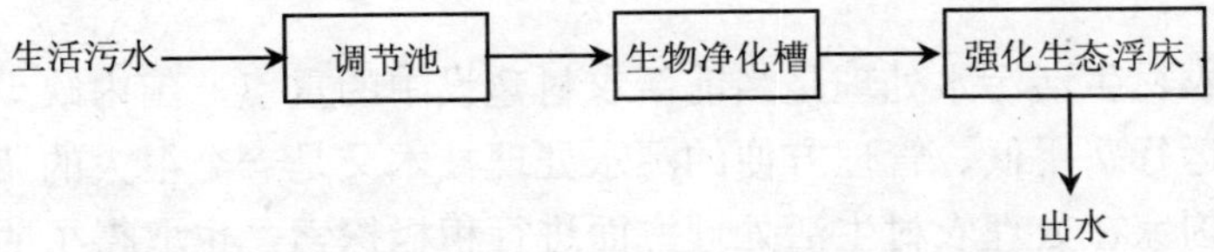

图 8-26 工艺流程

特点：BPT 组合工艺还具有占地少、造价低、易于维护管理等优点，比较适合农村地区生活污水的处理。

设备：生物净化槽、生态浮床。

指标和参数

处理效果：在稳定运行的状况下，BPT-EEFR 组合工艺的平均出水 COD_{Cr}<45mg/L、NH_4^+-N<5.0mg/L、TP<0.75mg/L、SS<20mg/L，其对 COD、NH_4^+-N、TN、TP 及 SS 的平均去除率分别为 80.3%、83.1%、50.2%、79.4%和 88.1%。

成本运行参数：调节池的尺寸为 1.0m×1.0m×1.0m，容积为 1.0m^3，水力停留时间为 8 h。生物净化槽采用钢筋混凝土一体化结构，尺寸为 5.4m×2.0m×2.2m，有效容积为 7.5m^3，设计容积负荷（BOD_5）为 0.1kg/（m·d），BPT 底部填装 0.4 m 厚的生物陶粒，粒径为 3～5mm。EEFR 的尺寸为 3.0m×2.0m×1.2m，设计水力负荷为 0.5m^3/（m·d），由纤维填料、水生植物和浮力支撑构件组成。EEFR 中的植物选择崇明岛的本土植物茭白，其既具有净化污水作用，又有一定的经济价值。

适用范围：农村分散式生活污水。

第9章　国外农村生活污水治理措施与应用

农村生活污水处理是当前新农村建设中的重点，国内缺少投资省、运行费用低、管理方便的污水处理技术又是一个很大的瓶颈。发达国家在处理农村生活处理方面进行积极探索，也取得了明显的成效。因此，学习国外先进经验，积极创新，加快城乡生活污水的治理速度，势在必行。当然国外的污水处理技术同样需要完善，不加研究直接照搬和完全套用国外污水处理技术难以取得成功。

9.1 美国的高效藻类塘系统

美国加州大学伯克利分校的 Oswald 提出并发展的高效藻类塘是对传统稳定塘的改进，其充分利用菌藻共生关系，对污染物进行处理。正因其最大限度地利用了藻类产生的氧气，塘内的一级降解动力学常数值比较大，故称为高效藻类塘。

高效藻类塘较传统的稳定塘停留时间短，占地面积少；建设容易，维护简便，基建投资少，运行费用低；BOD_5、NH_4^+-N、病原体等去除效率高；若高效藻类塘后接的是高等水生生物塘，则其中的水生生物不但可以除藻，降低出水的 SS，而且能进一步去除水中的氮磷，同时收割的高等水生植物可以作为优良的饲料和肥料。缺点：它受环境因素影响明显，温度影响生物的组成，营养物的需求，新陈代谢的特点和反应速率；pH 影响生物的适应能力，离子输送和新陈代谢的速率；水体对光的吸收特性取决于四个方面，即水体特性、腐殖质、藻类和非生物性的悬浮物；气温过高或较低时，藻类的生长受到抑制从而影响处理效果。目前高效稳定塘在以色列、摩洛哥、法国、美国、南非、巴西、比利时、德国、新西兰等国都有研究应用。国内对高效藻类塘处理太湖地区农村生活污水的效果进行了研究。结果表明，太湖地区农村生活污水的水质受季节影响变化较大，秋、冬季的有机物浓度较夏季高 3～4 倍；高效藻类塘内存在的菌藻共生体系使塘内溶解氧浓度较高（保持好氧状态），而 pH 则存在周期性变化；对 COD_{Cr} 的平均去除率可达 70%，氨氮主要通过硝化作用去除，去除率＞90%，磷酸盐主要通过沉淀作用去除，去除率为 50%。系统运行效果受季节性光照和温度变化影响很大，夏季停留时间需 4d，冬季需 8d。较高流速可强化系统的传质效果，提高了对污染物的去除能力。塘深较浅时，塘深对处理效果影响不大。高效藻类塘系统能较好地净化太湖地区的农村生活污水。

9.2 韩国的湿地污水处理系统

韩国的农业用水是最大用水户，占总用水量的 53%。韩国农村的居民分散居住，认为兴建集中处理的污水系统造价太高，小型和简易的污水处理系统适合在农村应用。因此，研究了一种湿地污水处理系统，使污水中的污染物质经湿地过滤后或被土壤吸收，或被微生物转变成无害物。这种方法需要的能源少，维护的成本低。

韩国国立汉城大学农业工程系对湿地污水处理系统在田间进行了试验。容器长 8m，宽 2m，高 0.9m，用混凝土制成。容器内填沙并种植芦苇，未经处理的生活污水从一端引入，又从另一端卵石层中排出。生活污水是从一个学校收集而来，其年平均水质指标为：pH 为 7.85，DO 为 0.23mg/L，BOD_5 为 24.35mg/L，SS 为 52.36mg/L，TN 为 121.13mg/L，TP 为 24.23mg/L。用经过湿地系统处理后的污水灌溉水稻。

污水灌溉水稻试验是在用聚氯乙烯板制成的盆内进行。盆宽 90cm，长 110cm，高 70cm，表面积为 $1.0m^2$，底部铺一层 10cm 厚的卵石，上盖过滤布，然后用水稻土填满。在盆底安装排水管，控制渗漏水。盆外为用混凝土做成的大坑，坑与盆之间填满土壤，以便消除温度对作物生长和微气候的影响。试验设计有四种处理，分别按污水浓度、施肥和不施肥等，与常规处理（用自来水灌溉并施肥）进行对比。试验对水稻的生长过程（稻株高度、分蘖数目、叶面积、叶面积指数、总干物质等）进行了详细观测和分析。主要结论：利用处理过的污水灌溉，对水稻的生长和产量无负面影响；利用处理过的污水灌溉，并加施肥料，水稻产量达 5 730.38kg/hm^2，比常规对比田高约 10%。

韩国试验研究的湿地污水处理系统，实质上也是一种土地—植物系统，至今已广泛用于欧洲、北美、澳大利亚和新西兰等。湿地上多种植芦苇、香蒲和灯心草等，对病原体的去除效果好。但其缺点是需要大量土地，并要解决土壤和水中的充分供氧问题及受气温和植物生长季节的影响等。一般来说，利用湿地处理后的污水灌溉水稻，可取得更好的净化效果。

9.3 日本农村生活污水处理系统

日本在法律上规定，要求严格保持河流、湖泊和海域的优良水质。因此，把污水处理工作放在十分重要的位置，并有很高的污水处理能力。日本农村污水处理协会主要负责日本乡镇污水处理的技术发展工作，研究了一系列适合于农村城镇中应用的污水处理设备。设计了 JARUS 模式的 15 种不同型号污水处理装置，主要采用物理、化学与生物措施相结合的处理过程，取得了很好效果。这 15 种不同型号的处理装置可分为两大类。一类采用生物膜法，污水通过塑料制成的滤层，上面附有微生物。通过生物膜后可使污水中的生物耗氧量下降到 20mg/L 以下，悬浮固体物下降到 50mg/L 以下，总氮含量在 20mg/L 以下。另一类是采用浮游生物法，通过漂浮在污水中的微生物氧化作用，可使 BOD 下降到 10～20mg/L，SS 下降到 15～50mg/L，COD 下降到 15mg/L 以下，TN 下降到 10～15mg/L，TP 下降到 1～3mg/L。

日本从 1977 年实行农村污水处理计划以来，至 1996 年底已建成约 2 000 座小型污水处理厂。日本农村污水处理协会设计、推广的污水处理装置体积小、成本低、操作运行简单，十分适用于农村。一般每 1 000 人农村人口可建立一个污水处理厂，最大的厂可处理 10 000 人左右的污水。处理后的污水水质稳定，大多灌溉水稻或果园，或将其排入灌排渠道，稀释后再灌溉农作物。污水中分离出来的污泥经脱水、浓缩和改良后，运至农田作肥料。

生物膜是近几十年来得到迅速发展的污水处理方法。众所周知，在自然界中存在着大量靠有机物生活的微生物，它们具有氧化分解有机物并将其转化为无机物的功能。生物膜法就是利用微生物的这一功能，采取人工措施来创造更有利于微生物生长和繁殖的环境，使微生物大量繁殖，以提高对污水中有机物的氧化降解效率。生物膜主要依靠固着于载体表面的微生物来生长繁殖，在载体表面形成一层黏液状的生物膜。这层生物膜具有生物化学活性，又进一步吸附、分解污水中呈悬浮、胶体和溶解状态的污染物，使污水得以净化。同时，生物膜上的微生物也不断生长与繁殖，生物膜的厚度也随着增加。当生物膜达到一定厚度时，氧气不能透入到底层，这时在靠近载体表面就形成厌氧膜层，其附着力减低，生物膜呈现老化状态，最后被水流冲刷而脱落。接着新的生物膜又开始生长形成，具有较强的净化能力。生物膜法的设备类型很多，按生物膜与污水的接触方式，有填充式和淹没式两大类。日本农村污水处理协会采用的是生物接触氧化法，属于淹没式生物滤池类。生物滤池是由池体、滤料、布水装置和排水系统四部分组成。滤料是生物膜的载体，对净化作用的影响较大。常用的滤料有沙子、碎石、卵石、炉渣、陶粒和红杉板条等。

日本石井勋教授发明的“石井法”，是利用用过的乳酸饮料瓶作曝气池填料。滤料表面积越大，生物膜数量越多，但滤料之间的孔隙太小，影响通风和水流。因此，理想的滤料是表面积和孔隙率都比较大。近些年来对滤料的研究有很大发展，如利用各种塑料和化学纤维制成的纤维球和蜂窝式滤料等，使每立方米滤料的表面积大大增加，孔隙率提高到 93%～95%。如日本尤尼奇卡公司用聚酯纤维制成的纤维球滤料的密度为 1.38g/cm^3，充填密度为 50kg/m^3，孔隙率达 96%，比表面积达 3 000m^2/m^3；滤速高，水头损失小，经反冲洗后，滤料可以反复使用。

国外对生物膜的理论研究和实际应用已有几十年历史。生物膜法所需要的设备简单，能源消耗低，成本和维护费用低，而处理污水的效率高，它是今后发展的一个方向。

9.4 澳大利亚“FILTER”（非尔脱）污水处理系统

澳大利亚科学和工业研究组织（CSIRO）的专家于最近几年提出一种“过滤、土地处理与暗管排水相结合的污水再利用系统”，称为“非尔脱”高效、持续性污水灌溉新技术，其目的主要是利用污水进行农作物灌溉，通过灌溉土地处理后，再用地下暗管将其汇集和排出。该系统一方面可以满足农作物对水分和养分的要求，同时降低污水中的氮、磷等元素的含量，使之达到污水排放标准。其特点是过滤后的污水都汇集到地下暗管排水系统中，并设有水泵，可以控制排水暗管以上的地下水位以及处理后污水的排出量。

澳大利亚 CSIRO 与我国水利水电科学院和天津市水利科学研究所合作，曾在天津市武清县建立试验区，试验总面积 2hm^2，暗管埋深 1.2m，两种处理的暗管间距为 5m 和 10m，引取北京市初级处理后的污水和沿程汇集的乡镇生活污水，灌溉小麦。试验表明，97%～99%的磷通过土壤及农作物的吸收而被除去，总氮的去除率达 82%～86%，生物耗氧量的去除率为 93%，COD_{Cr} 的去除率为 75%～86%，排水暗管的间距小，则去污效率高。上述中澳双方试验研究成果，在澳大利亚农业研究中心的主持下，于 2000 年 12 月在北京通过鉴定。

“非而脱”系统对生活污水的处理效果好，其运行费用低，特别适用于土地资源丰富、可以轮作休耕的地区，或是以种植牧草为主的地区。该系统实质上是以土地处理系统为基础，结合污水灌溉农作物。人们担心长期使用污水灌溉后污水中的病原体进入土壤，污染农作物。但根据大量调查和试验表明，土壤—植物系统可以去除城市污水中的病原体。为慎重起见，国内外一致认为，处理后的城市污水适宜灌溉大田作物（旱作和水稻）。因为大田作物的生长期长，光照时间长，病原体难以生存；而蔬菜等食用作物，生长期短，有的还供人们生食，则不宜采用污水灌溉。此外，这种处理方法受作物生长季节的限制，非生长季节作物不灌溉，污水处理系统就不能工作。暗管排水系统在我国多用于改良盐碱地和农田渍害，一般造价较高，若用于处理生活污水还需修建控制排水量的泵站，则造价更高，推广应用有一定困难。

9.5 荷兰的一体化氧化沟

最早的一体化氧化沟是 Pasveee 教授 1954 年在荷兰 Voorfshoten 研制成功，是一种集曝气、沉淀、泥水分离、污泥回流等功能于一体的技术，适合中小型污水处理厂的应用。

该工艺具有流程短，构筑物和设备少，不设初沉池、调节池和单独的二沉池，污泥自动回流，投资少，能耗低，占地少，管理简便；处理效果稳定可靠，BOD_5 和 SS 去除率在 90%～95%或更高，COD_{Cr} 去除率在 85%以上，且硝化、脱氮作用明显；产生的剩余污泥量少，不需硝化，污泥性质稳定，易脱水，不带来二次污染；固液分离效果比一般二沉池高，整个系统能在较大的流量浓度范围内稳定运行；污泥回流及时，减少了污泥膨胀。缺点是难以形成功能相对独立的厌氧、缺氧和好氧区域，对除磷脱氮要求较高的场合稳定性较差；固液分离器内斜板（或类似组件）强化了分离效果，但由于污水污泥具有黏稠性，且易形成生物黏膜，斜管或斜板有堵塞和淤积的可能，会增加维护工作量；由于污水流量和本质的变化，氧化沟内的流速和出流量总是变化的，污泥层难以稳定，有可能出现浮泥，增加出水的 SS。

据 1987 年统计，美国已有 92 座合建式氧化沟，较有代表性的是联合工业公司（United Industries Inc.）的船式沉淀器田 BOAT，Annco 环境企业公司的 BMTS 系统，EIMCO 公司的 Carrousel 渠内分离器，湖滨（Lakeside）设备公司的边墙分离器以及 Lightnin 公司的导管式曝气内渠和边渠沉淀分离器，此外是 Envirex 公司的竖直式氧化沟。该技术在国内也广泛应用。山东高密，河南安阳，四川国群食品有限公司，四川成都城北污水处理厂，四川新都污水处理厂，河北邢台南小汪污水处理厂等都采用一体化氧化沟工艺，且取得良好效果。

9.6 土壤毛细管渗滤净化系统

毛细管土壤渗滤处理系统特别适用于污水管网不完备的地区，是一项处理分散排放的污水的实用技术。被输送到渗滤场的污水先经布水管分配到每条渗滤沟，渗滤沟中的污水通过砾石层的再分布，在土壤毛细管的作用下上升至植物根区，通过土壤的物理、化学、微生物的生化作用和植物的吸收和利用得到处理和净化。

该系统运行稳定，可靠，抗冲击负荷能力强，对 BOD_5、氮、磷去除率大；维护简便，基建投资少，运行费用低；整个系统在地下，不会散发臭味，地面草坪还可美化环境；大肠杆菌去除率高；污水的储存、输送等过程均在地下进行，热损失较少，在冬季仍能保持一定温度，维持基本的生化反应，保证较稳定的去除效果。但其对总氮的去除效果不显著；占地面积大；有可能污染地下水。田宁宁等研究发现：该系统对生活污水中的有机物和氮、磷等具有较高去除率和稳定性，COD_{Cr} 去除率＞80%，$B00_5$ 去除率＞90%，NH_3-N 去除率＞90%，TP 去除率＞98%。

9.7 “LIVING MACHINE” 生态处理系统

近年来，在美国、加拿大、英国、澳大利亚等国家出现了一种叫“LIVING MACHINE”的生态系统，适用于工业和生活污水的处理。其技术基础是活化技术，活化技术是采用多种生物形式在人工装置中，建立新的物种联系，从而进行某种净化处理。

加拿大多伦多市 BODY SHOP 工厂内就建有这样的一个处理系统。它的设计和施工的原则均是利用自然生态系统将污水净化，是一个较为完善的生态系统。在这个系统中，设计者将很多种类的动植物集中在一起，使之形成一个连续反应的封闭循环，反应箱和反应池包含了从细菌、藻类到植物、蜗牛、鱼类的多种生物有机体。这些有机体通过一系列的反应减少污水中的营养体和病原体，并使它们消化在一个连续的食物链中。这些植物是：桉树、杜松、小香蕉树、月桂、樱草、薄荷树以及紫草科植物等。

污水首先进入封闭在地下的无氧箱，一段时间后进入有氧箱，空气由底孔吹入，在此氨氮在细菌的作用下分解为硝化物，其后流入生物综合池。在池内，其中的藻类、单细胞有机体、鱼类、水生及沼泽植物等一系列丰富的生物混合体将对水中的营养物继续分解，随后污水流经地下湿地，通过植物根系作用及沙石的过滤，硝化物在此转变为氮气，污水被初步净化。这种污水处理的生态系统有美观、耐用、体积小、费用低的特点。

附　录

1）国家农田灌溉水质标准（GB 5084—92）

本标准规定了农田灌溉水质要求、标准的实施和采样监测方法。本标准适用于全国以地面水、地下水和处理后的城市污水及与城市污水水质相近的工业污水作水源的农田灌溉用水。

特别我国西部地区，农业生产需水量极大，农村生活污水处理达标后完全可以用于农田灌溉，缓解农村农业用水不足的局面。为新农村经济建设服务。

本标准根据农作物的需求状况，将灌溉水质按灌溉作物分为三类：

一类：水作，如水稻，灌水量 1 200m^3/（hm^2 · a）。

二类：旱作，如小麦、玉米、棉花等。灌溉水量 4 500m^3/（hm^2 ·a）。

三类：蔬菜，如大白菜、韭菜、洋葱、卷心菜等。蔬菜品种不同，灌水量差异很大，一般为 3 000～7 500m^3/（hm^2 · a）。

各种排放控制指标见表 1。

表 1　国家农田灌溉水质标准部分指标

序号	项目		水作	旱作	蔬菜
1	BOD_5 /（mg/L）	≤	80	150	80
2	COD_{Cr} /（mg/L）	≤	200	300	150
3	悬浮物/（mg/L）	≤	150	200	100
4	阴离子表面活性剂（LAS）/（mg/L）	≤	5.0	8.0	5.0
5	凯氏氮	≤	12	30	30
6	总磷（以 P 计）	≤	5.0	10	10
7	水温/℃	≤	35		
8	pH	≤	5.5～8.5		
9	粪大肠菌群数/（个/L）	≤	10 000		
10	蛔虫卵数/（个/L）	≤	2		

2）城市杂用水回用标准（GB/T 18920—2002）

城市杂用指经过再生处理的城市污水回用于城市绿化、冲厕、道路清扫、车辆冲洗、建筑施工、消防等。由于城市杂用水对水质的要求不是很高，国内外都将城市污水再生处理后用作城市杂用水。农村生活污水与城市生活污水的水质情况比较接近，所以农村的杂用水回用也可采纳城市杂用水回用标准。

例如，在景观和工业冷却等回用水需要除去氮磷等，处理工艺比较复杂。处理成本比较高；但浇灌绿地的回用水中氮磷是植物生长所需的营养元素，不需要去除，可以简化工艺降低成本；厕所冲洗，道路冲洗的水质要求同样很低。

城市杂用水水质标准如表 2 所示。

表 2 城市杂用水水质标准

序号	项目	冲厕	道路清扫、消防	城市绿化	车辆冲洗	建筑施工
1	pH	6.0～9.0				
2	色度≤	30				
3	嗅	无不快感				
4	浊度≤	5	10	10	5	20
5	溶解性总固体/（mg/L）≤	1 500	1 500	1 000	1 000	—
6	BOD_5/（mg/L）≤	10	15	20	10	15
7	氨氮/（mg/L）≤	10	10	20	10	20
8	阴离子表面活性剂/（mg/L）	1	1	1	0.5	1
9	铁/（mg/L）≤	0.3	—	—	0.3	—
10	锰/（mg/L）≤	0.1	—	—	0.1	—
11	溶解氧/（mg/L）≥	1				
12	总余氯/（mg/L）	接触 30min 后≥1.0，管网末端≥0.2				
13	总大肠菌群/（个/L）≤	3				

3）城镇污水处理厂污染物排放标准（GB 18918—2002）

本标准（表 3）规定了城镇污水处理厂出水、废气排放和污泥处置（控制）的污染值。本标准适用于城镇污水处理厂出水、废气排放和污泥处置（控制）的管理。居民小区和工业企业内独立的生活污水处理设施污染物的排放管理，也按本标准执行。

根据污染物的来源及性质，将污染物控制项目分为基本控制项目和选择控制项目两类。基本控制项目主要包括影响水环境和城镇污水处理厂一般处理工艺可以去除的常规污染物，以及部分一类污染物，共 19 项。选择控制项目包括对环境有较长期影响或毒性较大的污染物，共计 43 项。

农村生活污水基本所有污染物都包含在城镇污水处理厂污染物排放指标中，完全可做适当的引用。

表 3　基本控制项目最高允许排放浓度（日均值）　　单位：mg/L

<table>
<tr><th rowspan="2">序号</th><th rowspan="2" colspan="2">基本控制项目</th><th colspan="2">一级标准</th><th rowspan="2">二级标准</th><th rowspan="2">三级标准</th></tr>
<tr><th>A 标准</th><th>B 标准</th></tr>
<tr><td>1</td><td colspan="2">化学需氧量（COD）</td><td>50</td><td>60</td><td>100</td><td>120</td></tr>
<tr><td>2</td><td colspan="2">生化需氧量（BOD_5）</td><td>10</td><td>20</td><td>30</td><td>60</td></tr>
<tr><td>3</td><td colspan="2">悬浮物（SS）</td><td>10</td><td>20</td><td>30</td><td>50</td></tr>
<tr><td>4</td><td colspan="2">动植物油</td><td>1</td><td>3</td><td>5</td><td>20</td></tr>
<tr><td>5</td><td colspan="2">石油类</td><td>1</td><td>3</td><td>5</td><td>15</td></tr>
<tr><td>6</td><td colspan="2">阴离子表面活性剂</td><td>0.5</td><td>1</td><td>2</td><td>5</td></tr>
<tr><td>7</td><td colspan="2">总氮（以 N 计）</td><td>15</td><td>20</td><td>—</td><td>—</td></tr>
<tr><td>8</td><td colspan="2">氨氮（以 N 计）</td><td>5（8）</td><td>8（15）</td><td>25（30）</td><td>—</td></tr>
<tr><td rowspan="2">9</td><td rowspan="2">TP（以 P 计）</td><td>2005 年 12 月 31 日前建设的</td><td>1</td><td>1.5</td><td>3</td><td>5</td></tr>
<tr><td>2006 年 1 月 1 日起建设的</td><td>0.5</td><td>1</td><td>3</td><td>5</td></tr>
<tr><td>10</td><td colspan="2">色度（稀释倍数）</td><td>30</td><td>30</td><td>40</td><td>50</td></tr>
<tr><td>11</td><td colspan="2">pH</td><td colspan="4">6～9</td></tr>
<tr><td>12</td><td colspan="2">粪大肠菌群数/（个/L）</td><td>10^3</td><td>10^4</td><td>10^4</td><td>—</td></tr>
</table>

4）**地表水环境质量标准（GB 3838—2002）**

本标准按照地表水环境功能分类和保护目标，规定了水环境质量应控制的项目及限值，以及水质评价、水质项目的分析方法和标准的实施与监督。本标准适用于中华人民共和国领域内江河、湖泊、运河、渠道、水库等具有使用功能的地表水水域。具有特定功能的水域，执行相应的专业用水水质标准。

未处理的农村生活污水直接将污染地表水，因此农村生活污水排放标准也可以参照此标准。

地表水环境质量标准部分指标见表 4。

表 4 地表水环境质量标准基本项目标准限值 单位：mg/L

序号	项目	Ⅰ类	Ⅱ类	Ⅲ类	Ⅳ类	Ⅴ类
1	水温/℃	人为造成的环境水温变化应限制在： 周平均最大温升≤1 周平均最大温降≤2				
2	pH	6～9				
3	溶解氧≥	饱和率 90%（或 7.5）	6	5	3	2
4	COD_{Mn}≤	2	4	6	10	15
5	COD_{Cr}≤	15	15	20	30	40
6	BOD_5≤	3	3	4	6	10
7	NH_3-N≤	0.15	0.5	1.0	1.5	2.0
8	TP（以 P 计）≤	0.02（湖、库 0.01）	0.1（湖、库 0.025）	0.2（湖、库 0.05）	0.3（湖、库 0.1）	0.4（湖、库 0.2）
9	TN（湖、库，以 N 计）≤	0.2	0.5	1.0	1.5	2.0
10	阴离子表面活性剂≤	0.2	0.2	0.2	0.3	0.3
11	粪大肠菌群（个/L）≤	200	2 000	10 000	20 000	40 000

5）地下水质量标准（GB/T 14848—93）

本标准规定了地下水的质量分类，地下水质量监测、评价方法和地下水质量保护。本标准适用于一般地下水，不适用于地下热水、矿水、盐卤水。具体指标见表 5。

未处理农村生活污水直接排放也能直接或间接污染地下水，因此有必要参照地下水环境质量标准来指导农村生活污水的排放。

表 5　地下水质量部分指标标准

序号	类别 标准值 项目	Ⅰ类	Ⅱ类	Ⅲ类	Ⅳ类	Ⅴ类
1	色（度）	≤5	≤5	≤15	≤25	＞25
2	嗅和味	无	无	无	无	有
3	浑浊度（度）	≤3	≤3	≤3	≤10	>10
4	肉眼可见物	无	无	无	无	有
5	pH	6.5～8.5			5.5～6.5，8.5～9	＜5.5，＞9
6	总硬度（以 $CaCO_3$ 计）/（mg/L）	≤150	≤300	≤450	≤550	＞550
7	溶解性总固体/（mg/L）	≤300	≤500	≤1 000	≤2 000	＞2 000
8	总大肠菌群/（个/L）	≤3.0	≤3.0	≤3.0	≤100	＞100
9	细菌总数/（个/ml）	≤100	≤100	≤100	≤1 000	＞1 000

参考文献

[1] 高延耀，陈洪斌，夏四清，等. 我国水污染控制的思考[J]. 中国给水排水，2006，32（5）：9-13.

[2] 沈光范. 关于城市污水治理政策的思考[J]. 中国环保产业，2004（2）：16-18.

[3] 罗兰. 我国地下水污染现状与防治对策研究[J]. 中国地质大学学报（社会科学版），2008，8（2）：72-75.

[4] 封燕. 农村水污染防治与新农村建设[J]. 青海环境，2008，18（1）：32-33.

[5] 杨英，张家红. 对我国水污染防治策略的思考[J]. 合肥工业大学学报（社会科学版），2004，18（5）：260-263.

[6] 黄锡生，陈有根. 我国水污染防治的立法研究[J]. 国家行政学院学报，2006（2）：58-61.

[7] 蒋耀新. 水环境现状及水污染防治[J]. 甘肃环境研究与监测，2003，16（4）：454-456，460.

[8] 杨继富，李久，郝桂玲. 改善我国农村水环境的总体思路和建议[C]. 中国水利学会第二届青年科技论坛文集，2004：28-31.

[9] 王志标，王涛. 小区分散式废水处理技术发展现状[J]. 环境工程设计，2006，11（4）：58-61.

[10] 王然. 生活污水分散处理技术的进展[J]. 生物加工过程，2007，5（2）：1-5.

[11] 向连成. 中国分散型污水处理系统的现状与发展[J]. 北京建筑工程学院学报，2005，21（4）：55-58.

[12] 王增长. 建筑给水排水工程[M]. 北京：高等教育出版社，2004.

[13] 范建伟，王杰，尹大强. 加强型生物化粪池/潜流人工湿地处理农村生活污水[J].中国给水排水，2009，25（24）：69-71.

[14] 任照阳. 谈生活污水预处理构筑物化粪池[J]. 山西建筑，2010，36（4）：205-206.

[15] 李金鹤，李德彪. 浅谈小区化粪池的布置方式[J]. 有色冶金设计与研究，2005（12）：54-56.
[16] 张宝军. 生态节能型化粪池的工艺过程构想与应用前景[J]. 给水排水技术动态，2004（3）：18-24.
[17] 韩生健. 集成式生物化粪池[J]. 环境卫生工程，2002，10（4）：167-169.
[18] 王晨宇，陈奇睿. 积极推广农村沼气促进循环经济发展[J]. 中国科技投资，2007（9）：75-77.
[19] 杨良，胡洪雷，轩桂荣. HFRPT 整体形生物化粪池在排污工程中的应用[J]. 山西建筑，2008，34（33）：184-186.
[20] 曹辉. 化粪池的安全与对策[J]. 福建建材，2010（3）：109-110.
[21] 苏文琼，苏宏，张晓杰. 化粪池的管理与环境污染[J]. 环境科学与管理，2007，32（7）：25-26.
[22] 李翠梅. 化粪池污泥作用与清掏周期的研究[J]. 中国给水排水，2007，33（9）：124-126.
[23] 王红燕，李杰，王亚娥，等. 化粪池污水处理能力研究及其评价[J]. 兰州交通大学学报，2009，28（1）：118-124.
[24] 姜博. 环保型埋地式玻璃钢整体化粪池[J]. 辽宁建材，2008（2）：44-45.
[25] 郝晓地，赵靖，李俊奇. 集中式污水处理厂取代化粪池可行性分析[J]. 水资源保护，2006，22（4）：85-87.
[26] 穆荣，郭静，王少坡，等. 排水系统中化粪池发展趋势探讨[J]. 天津城市建设学院学报，2006，12（2）：128-130.
[27] 鲍晓英. 浅谈化粪池的安全问题与对策[J]. 安全与环境工程，2010，17（1）：87-89.
[28] 李金鹤，李德彪. 浅谈小区化粪池的布置方式[J]. 有色冶金设计与研究，2005，26（4）：54-56.
[29] 陈俊敏，贾滨洋，付永胜. 生物化粪池/表面流人工湿地处理“农家乐”污水[J]. 中国给水排水，2006，22（12）：71-73.
[30] 沈小迪. 整体玻璃钢化粪池的应用[J]. 青海科技，2010（2）：119-121.
[31] 张培书. 玻璃钢沼气池的施工、装配技术探讨[J]. 中国沼气，2007，25（6）：43-44.

[32] 王艳芹，刘英，姚利，等. 不同措施对北方地区冬季户用沼气池料液温度及产气量的影响[J]. 中国沼气，2010，28（5）：31-34.

[33] 刘春科. 户用沼气池的春季管理措施[J]. 农村能源，2010（6）：44-45.

[34] 黄蕾，王威. 家用沼气池施工技术[J]. 农业工程学，2010（17）：268-269.

[35] 谢列先. 利用太阳能热水器加热沼气池的实验研究[J]. 广西林业科学，2010，39（1）：37-40.

[36] 许洪富. 农村户用沼气池施工技术[J]. 南方农业，2009（3）：15-16.

[37] 热依木江，阿布都外力，吐尔孙. 农村户用沼气池使用技术探讨[J]. 现代农业科技，2010（2）：276-279.

[38] 刘德源. 农村户用自动破壳沼气池的初步研究[J]. 湖北农业科学，2010，49（8）：1977-1979.

[39] 周孟津，张荣林. 沼气使用技术[M]. 北京：化学工业出版社，2004.

[40] 刘春明，姜广新，刘春华. 浅谈沼气池的结构特点[J]. 黑龙江农业科学，2010（3）：108-109.

[41] 陈晓东. 曲流布料沼气池的改进与应用[J]. 河南农业，2010（3）：35-36.

[42] 赵大伟，杨海玉. 水压式沼气池施工技术要点[J]. 农村能源，2008（4）：60-61.

[43] 张邦安. 水压式自动排渣沼气池的设计与施工[J]. 生态农业，2010（11）：53-53.

[44] 施骏. 农村户用沼气与综合利用[M]. 北京：中国农业科学技术出版社，2005.

[45] 林聪. 沼气技术理论与工程[M]. 北京：化学工业出版社，2007.

[46] 段碧华. 新农村环境保护与治理[M]. 北京：金盾出版社，2010.

[47] 郑时选，陈倩. 农村户用沼气系统维护管理技术手册[M]. 北京：金盾出版社，2009.

[48] 袁助奇. 直管自循环沼气池的设计[J]. 中国沼气，2010，18（1）：24-25.

[49] 陶卫平，张安来，蒋正明，等. 沼气池套筒活动口的构造与施工技术[J]. 中国沼气，2009，28（1）：28-33.

[50] 李文奇，曾平，孙东亚. 人工湿地处理污水技术[M]. 北京：中国水利水电出版社，2009.

[51] Wei X. C., Roger C. V. Jr., Bhojappa S. Phosphorus removal by acid mine drainage sludge from secondary effluents of municipal wastewater treatment plants. Water Research, 2008, 42（13）: 3275-3284.

[52] Sibrell P. L., Montqomery G. A., Ritenour K. L., et al. Removal of phosphorus from agricultural wastewater using adsorption media prepared from acid mine drainage sludge. Water Research, 2009, 43（8）: 2240-2250.

[53] Yang J., Wang S., Lu Z., et al. Converter slag-coal cinder columns for the removal of phosphorous and other pollutants. Journal of Hazardous Materials, 2009, 168（1）: 331-337.

[54] Kaasik A., Vohla C., Mötlep R., et al. Hydrated calcareous oil-shale ash as potential filter media for phosphorus removal in constructed wetlands. Water Research, 2008, 42（4-5）: 1315-1323.

[55] Rentz J. A., Turner I. P., Ullman J. L, et al. Removal of phosphorus from solution using biogenic iron oxides. Water Research, 2009, 43（7）: 2029-2035.

[56] Xue Y., Hou H., Zhu S. Characteristics and mechanisms of phosphate adsorption onto basic oxygen furnace slag. Journal of Hazardous Materials, 2009, 162（2-3）: 973-980.

[57] Bowden L. I., Jarvis A. P., Younger P. L., et al. Phosphorus removal from waste waters using basic oxygen steel slag. Environmental Science&Technology, 2009, 43（7）: 2476-2481.

[58] 尹军，崔玉波. 人工湿地污水处理技术[M]. 北京：化学工业出版社，2006.

[59] Forbes M. G., Dickson K. L., Saleh F., et al. Recovery and fractionation of phosphorus retained by lightweight expanded shale and masonry sand used as media in subsurface flow treatment wetlands. Environmental Science& Technology, 2005, 39（12）: 4621-4627.

[60] Dunne E. J., Culleton N., O'Donovan G., et al. Phosphorus retention and sorption by constructed wetland soils in Southeast Ireland. Water Research, 2005, 39（18）: 4355-4362.

[61] Kadlec R. H. Wastewater treatment at the Houghton Lake wetland: Hydrology and water quality. Ecological Engneering, 2009, 35（9）: 1287-1311.

[62] Faulwetter J. L.，Gagnon V.，Sundberg C.，et al. Microbial processes influencing performance of treatment wetlands：A review. Ecological Engineering，2009，35（6）：987-1004.

[63] Dordio A. V.，Candeias A. J. E.，Pinto A. P.，et al. Preliminary media screening for application in the removal of clofibricacid，carbamazepine and ibuprofen by SSF-constructed wetlands. Ecological Engineering，2009，35（2）：290-302.

[64] 张政，付融冰，顾国维，等. 人工湿地脱氮途径及其影响因素分析[J]. 生态环境，2006，15（6）：1385-1390.

[65] Sleytr K.，Tietz A.，Langergraber G.，et al. Diversity of abundant bacteria in subsurface vertical flow constructed wetlands. Ecological Engineering，2009，35（6）：1021-1025.

[66] Zhou Q.，He F.，Zhang L.，et al. Characteristics of the microbial communities in the integrated verticalflow constructed wetlands. Journal of Environmental Sciences，2009，21（9）：1261-1267.

[67] 王世和. 人工湿地污水处理理论与技术[M]. 北京：科学出版社，2007.

[68] 张太平，陈韦丽. 人工湿地生态系统提高氮磷去除率的研究进展[J]. 生态环境，2005，14（4）：580-584.

[69] Chan S. Y.，Tsang Y. F.，Cui L. H.，et al. Domestic wastewater treatment using batch-fed constructed wetland and predictive model development for NH_3-N removal. Process Biochemistry，2008，43（3）：297-305.

[70] Chung A. K. C.，Wu Y.，Tam N. F. Y.，et al. Nitrogen and phosphate mass balance in a sub-surface flow constructed wetland for treating municipal wastewater. Ecological Engineering，2008，32（1）：81-89.

[71] Klomjek P.，Nitisoravut S. Constructed treatment wetland：a study of eight plant species under saline conditions. Chemosphere，2005，58（5）：585-593.

[72] 姜昕，马鸣超，李俊，等. 用 DGGE 技术分析污水人工快速渗滤系统中微生物种群分布[J]．微生物学通报，2007，34（6）：1179-1183.

[73] 马鸣超，姜昕，刘菲，等. 污水人工快速渗滤系统中氨氧化菌 16SrDNA 的 DGGE 分析[J]．高校地质学报，2007，13（4）：688-693.

[74] 李正昱，何腾兵，杨小毛，等. 人工快速渗滤系统的工程应用[J]. 环境工

程，2005，23（3）：76-78.

[75] 高成杰，陈鸿汉. 人工快速渗滤系统处理高速公路服务区污水[J]．2007，33：151-154.

[76] 郭劲松，王春燕，方芳，等. 湿干比对人工快渗系统除污性能的影响[J]. 中国给水排水，2006，22（17）：9-13.

[77] Lansing S.L.，Martin J.F. Use of an ecological treatment system（ETS） for removal of nutrients from dairy wastewater. Ecological Engineering，2006，28（3）：235-240.

[78] 谭波，刘春平，雷廷武. 变温下土地渗滤系统氧化还原环境特征的研究[J]. 水处理技术，2006，22（12）：6-9.

[79] 李英华，王书文，孙铁珩，等. 浮动生物床/地下渗滤联合工艺处理校园污水的设计与管理[J]．环境工程学报，2007，1（3）：30-33.

[80] De Lucas A.，Rodríguez L.，Villasnor J.，et al. Denitrification potential of industrial wastewaters. Water Research，2005，39（15）：3715-3721.

[81] Kadlec R.，Ttanner C.，Hally V.，et al. Nitrogen spiraling in subsurface flow constructed wetlands：implication for treatment response. Ecological Engineering，2005，25（4）：365-381.

[82] Arve H，Adam M，Lasse V.，et al. A high-performance compact filter system treating domestic wastewater. Ecological Engineering，2006，28（4）：374-379.

[83] Michael A.，William C.，Marjorie E.，et al. Nitrogen removal in recirculating sand filter systems with upflow anaerobic components. Journal of Environmental Engineering，2007，133（5）：464-471.

[84] Yi Q.，Hur C.，Kim Y. Modeling nitrogen removal in water hyacinth ponds receiving effluent from waste stabilization ponds. Ecological Engineering，2009，35（1）：75-84.

[85] Tsalkatidou M.，Gratziou M.，Kotsovinos N. Combined stabilization ponds-constructed wetland system. Desalination，2009，248（1-3）：988-997.

[86] Oliver K.，Marc W.，Manfred L.，et al. Analysis of design approaches for stabilization ponds under different boundary conditions—A comparison. Ecological Engineering，2009，35（8）：1117-1128.

[87] Hamdy A.，Rabeia N.，Hamdy S. Study of waste stabilization pond geometry for the wastewater treatment efficiency. Ecological Engineering，2006，28（1）：25-34.

[88] 王宝贞，王琳. 水污染治理新技术[M]. 北京：科学出版社，2004.

[89] Zimmo O. R.，Van Der Steen N. P.，Gijzen H. J. Nitrogen mass balance a cross pilot-scale algae and duckweed-based wastewater stabilisation ponds. Water Research，2004，38（4）：913-920.

[90] 刘智晓，祁佩时，丁雷，等. 气浮-氧化沟-稳定塘处理亚麻废水[J]. 中国给水排水，2004，20（9）：73-74.

[91] 徐康宁，汪诚文，刘巍，等. 稳定塘运行管理的中试研究[J]. 中国给水排水，2009，35（增刊）：168-171.

[92] 刘汝鹏，曲莹，于水利. 生态稳定塘系统在城市污水处理中的应用[J]. 水处理技术，2006，32（11）：68-69.

[93] 黄翔峰，池金萍，何少林，等. 高效藻类塘处理农村生活污水研究[J].中国给水排水，2006，22（5）：35-39.

[94] 李旭东，周琪，黄翔峰，等. 高效藻类塘系统处理太湖地区农村生活污水[J]. 水处理技术，2006，32（6）：61-64.

[95] 徐康宁，汪诚文，刘巍，等. 稳定塘藻类生长规律及其影响的中试研究[J]. 农业环境科学学报，2009，28（7）：1473-1477.

[96] 唐文清，曾光明，李小明，等. 新型稳定塘处理小城镇生活废水的工程实践[J]. 衡阳师范学院学报，2006，28（3）：129-131.

[97] 张东生，韩刚德. 10 万 m^3/d 污水处理厂新型稳定塘工艺技术经济分析[J]. 上海环境科学，2003，22（6）：439-444.

[98] 唐亮，左玉辉. 新沂河道稳定塘工程研究[J]. 环境工程，2003，21（2）：75-77.

[99] 李智. 氧化塘污水处理技术的应用[J]. 设备管理与维修，2003（8）：35-36.

[100] 李纯，岑况，范彬. 脱除地下水中硝酸盐氮的研究进展[J]. 环境科学与技术，2003，11（增刊）：91-97.

[101] 郑平，徐向阳，胡宝兰. 新型生物脱氮理论与技术[M]. 北京：科学出版社，2004.

[102] 谭佑铭，罗启芳，王琳，等. 固定化反硝化菌对富营养化水体脱氮的试验研究[J]. 中国卫生工程学，2003，2（2）：65-68.
[103] 金赞芳，陈英旭，小仓纪雄. 以棉花为碳源去除地下水硝酸盐的研究[J]. 农业环境科学学报，2004，23（3）：512-515.
[104] 周海红，赵璇，王建龙. 利用可生物降解聚合物去除饮用水源水中硝酸盐[J]. 清华大学学报（自然科学版），2006，46（3）：434-436.
[105] 周海红，王建龙. 利用可生物降解聚合物同时作为反硝化微生物的碳源和附着载体研究[J]. 中国生物工程杂志，2006，26（2）：95-98.
[106] 毛庆泉，张传义. 膜生物反应器-污水处理与回用技术的研究与应用[M]. 徐州：中国矿业大学出版社，2006.
[107] 鲁南. 膜生物反应器处理抗生素废水及脱氮研究[D]. 昆明理工大学，2004.
[108] 刘静文. 缺氧-好氧膜生物反应器处理高浓度氨氮废水的研究[D]. 天津大学，2004.
[109] Rittmann B. E.，McCarty P. L.，文湘华.环境生物技术原理与运用[M]. 王建龙（译），北京：清华大学出版社，2004.
[110] 于水利，赵方波. 膜生物反应器技术发展沿革与展望[J]. 工业用水与废水，2006，37（2）：1-6.
[111] 赵方波，于水利. 淹没式膜生物反应器中膜污染机理的研究[J]. 环境科学学报，2005，25（3）：385-391.
[112] 牟新民，黄培鸿，张金炳，等. 人工快速渗滤系统处理深圳市茅洲河水的试验研究[J] .应用基础与工程科学学报，2003，11（4）：370-377.
[113] 龚丽雯，龚敏红. 微电解-接触氧化-稳定塘处理猪场废水[J]. 中国给水排水，2003，19（8）：92-94.
[114] 司朝晖，李立丽. 混凝-生物膜曝气池-氧化塘法处理印染废水[J]. 中国给水排水，2003，19（5）：89-90.
[115] 周云，何义亮. 微污染水源净水技术及工程实例[M]. 北京：化学工业出版社，2003.
[116] 莫罹，黄霞，迪里拜尔·苏里坦. 膜生物反应器处理微污染水源水的运行特征[J]. 中国环境科学，2003，23（2）：196-200.